设计·实践·创新
STEAM
课程案例

范曾丽　著

中国纺织出版社有限公司

图书在版编目（CIP）数据

设计·实践·创新STEAM课程案例/范曾丽著. --
北京：中国纺织出版社有限公司，2023.7（2024.3重印）
ISBN 978-7-5229-0647-8

Ⅰ.①设… Ⅱ.①范… Ⅲ.①蚕－文化－教学设计－
教案（教育） Ⅳ.①S88

中国国家版本馆CIP数据核字（2023）第097686号

责任编辑：房丽娜　　责任校对：高　涵　　责任印制：储志伟

中国纺织出版社有限公司出版发行
地址：北京市朝阳区百子湾东里A407号楼　邮政编码：100124
销售电话：010—67004422　传真：010—87155801
http://www.c-textilep.com
中国纺织出版社天猫旗舰店
官方微博 http://weibo.com/2119887771
北京虎彩文化传播有限公司印刷　各地新华书店经销
2023年7月第1版　2024年3月第2次印刷
开本：710×1000　1/16　印张：8.125
字数：100千字　定价：98.00元

凡购本书，如有缺页、倒页、脱页，由本社图书营销中心调换

前　言

21世纪初，随着中小学课程改革的不断深入，教师成长与发展的春天来到了！教师不再只是传授者，还要成为研究者，这样的理念深入人心，并引领着广大教师立足课堂，不断探索、不断反思、砥砺前行！

为了改变教学枯燥的现状，笔者试图采用一种切实有效的新的教学方法，以提高教学的效率。笔者主要结合教学实践，积极引导学生关注当代生活，放大课堂承载的生命成长元素，促使学生形成积极的价值取向和提高知识掌控能力。本书力图创建一种让学生主动学习，运用科学的方法探索求知，充分发挥学生主体作用和创新潜能的教学模式。从而真正把学习的自由还给学生，把学习的权利还给学生，把学习的空间还给学生，把学习的欢乐还给学生，培养具有独立自主能力、竞争能力、创新能力的新世纪新人，以适应时代和国家的需要。

《设计·实践·创新STEAM课程案例》一书旨在研究课堂教学的创新方法与技术，其立意定位是实际、实用、实效。本书立足课堂教学推进过程中的疑惑和问题，从实践出发，对课堂教学进行方法和技术研究。全书共九个部分，每一部分都做了详细的阐述与分析，为一线教师开展教学实践研究提供理论指导和支持。

在本书的编写过程中，笔者参阅并引用了国内外学者的有关著作和论述，并从中受到了启迪，特向他们表示诚挚的谢意。由于笔者知识与经验的局限性，书中难免存在疏漏之处，恳请广大读者提出宝贵意见和建议，以使我的学术水平能不断提升。

著者

2022 年 9 月

目 录

厨房实验室

　　厨房里有大年三十晚上父母忙碌的背影；有快餐店里一张张餐盘流水线式的传递；有酒店大厨卖力颠勺的汗水……一间间厨房里承载着无数家庭的生活、工作和梦想。对于芸芸众生来说，具有烟火味的幸福生活不过是一日三餐四季，柴、米、油、盐、酱、醋、茶；对于整个国家来说，自古以来保障国民食品充足且安全就是一项重要的民生问题，是国民安居乐业的重要保证。当代学生学业繁重，很少有机会接触到厨房里的各种原始食材、体验食品加工过程。因此在安全操作的前提下组织学生们以桑为原料进行简单的食品加工，比如桑葚酱、桑葚汁等，同时利用活动食材完成一些科学小实验，既能增强学生的生活自理能力，促使学生的全面发展，又能让学生意识到食品制作的趣味性和多样性。

课程背景

　　人类对于大自然中植物的使用和依赖已经渗透进入了日常衣食住行各个方面，其中蔬菜水果已融入人类生活，必不可少，俗话说"民以食为天"，人们早已不限制于简单的食用形式，代代人都热衷于寻找美味的"秘方"。以桑为例，除了直接食用桑葚这种简单的吃法外，在追寻美食的道路上不断探索的人们对桑叶、桑葚进行加工，就能品尝到：桑叶茶、桑叶挂面、桑葚面、桑果干、桑葚果酱等多种美食，多样的食用方式既能满足味蕾又能合理膳食、营养均衡。

　　生活处处皆科学，厨房中往往也蕴含着众多科学原理。比如商贩虚假宣传售卖的不粘锅就是应用了莱顿弗罗斯特效应使液体不会润湿炙热的锅表面，仅仅会在其上形成一个蒸汽层；简单地利用淀粉加水就能体验神奇的"吃软不吃硬"的非牛顿流体；将买回的蔬菜或者水果放置一段时间后，因为内部物质含量的改变使其口感更甜；在烹饪调味时加入少许白糖，使之与食物之间发生美拉德反应，能让菜变的香而不是甜……众多复杂的物理和化学原理就蕴藏在这锅碗瓢盆之间、瓜果蔬菜之中，挖掘出与生活息息相关的问题和实验往往更能引起学生的兴趣。

领域：物理、生物、工程

第一课时　桑食

初夏傍晚，桑葚成熟，一家老少坐在桑葚树下乘凉。大人们品尝着新鲜的桑果，诉说着夏日里的故事，小孩们围着桑树嬉戏打闹，小手和嘴巴都被桑葚染的紫红，一棵果树便能带给一个家庭无尽的欢乐。在保鲜技术不发达的年代，为了保存食物的口感和鲜美，人们便发明了各种方法来保存水果，果酱便诞生于 19 世纪的欧洲，时至今日在水果旺季为家人们制作果酱便成为欧洲众多家庭的传统，果酱发展至今已经成为千家万户的常备食品之一。现今，果汁、果酱都是日常生活中食用频率极高又深受学生喜爱的食品。虽然这些食品制作过程简单，但是学生平时参与制作的概率极低。因此引导学生动手操作不仅丰富了他们的生活经历，更进一步引导他们挖掘生活中的科学问题，留心生活，热爱科学。

桑葚汁的制作

制作水果汁大概是最简单的食品加工方式了，但是它仍然有很多可以被我们挖掘出来的教学素材。如果让学生们制作桑葚汁，他们会想出哪些制作方法呢？将桑葚放在容器里挤压出汁？捣碎过滤？还是直接用破壁机榨汁呢？无论是哪种方法其目的都是将水分从桑葚中提取出来。在操作的过程中，学生们会发现相比起手动的捣碎和挤压，使用破壁机是出汁率最高又最轻松的方法。破壁机在工作过程中利用机械作用，通过快速旋转的刀片进行搅拌和破碎。那么"破壁"究竟是破的什么壁呢？仅是水果外壁吗？其实破壁机名字的由来就是因为高速旋转的刀片能够实现打破植物细胞壁的效果。（在这里可以详细向学生们补充介绍动植物细胞细胞器的异同点：比如植物细胞所特有的细胞器就有细胞壁和液泡，细胞壁对植物细胞起到支撑和保护的作用，而液泡中含量丰富的水分是水果解渴可口的主要原因、是果汁中水分的主要来源。）

通过对比手动挤压和破壁机处理得到的两种果汁，在学习了植物细胞的结构的基础上，学生此时已经意识到制作果汁时影响水果出汁率的主要因素是要破除植物细胞的细胞壁。此时再向学生展示市场上购买的桑葚汁，要求学生对比观察自行用破壁机处理的桑葚汁和市场上购买的桑葚汁又有什么区别呢？很简单就能观察出自行制作的桑葚汁出汁率低、果汁浑浊、黏度高、容易出现沉淀等，向学生提问为什么会出现这样的差异？能否从市面上售卖的众多果汁的成分表中找出原因？

桑葚汁的秘密

学生们通过对比大量不同品牌的果汁成分表或者上网查阅资料，会发现市面上售卖的果汁中含有一种酶叫作果胶酶，是否就是果胶酶在影响果汁的出汁率和浑浊度呢？要解决这一问题需要学生自行动手去探究。

通过对比探究，学生不难发现加入适量的果胶酶更有益于提高出汁率和降低浑浊度，这一实验结果的得出无疑增加了学生探究的乐趣。在学生兴趣正浓时向学生拿出两种不同温度的新鲜桑葚（比如准备一份常温下的、一份是2摄氏度冰箱冷藏的）让学生再次使用果胶酶完成不同温度环境下的桑葚的榨汁操作。通过实验操作学生可能会得出不同的猜想：一部分认为不同温度环境下的桑葚直接影响出汁率；另一部分同学认为不同温度环境下的桑葚影响果胶酶的作用，教师对此可以不做讲解，让学生以小组为单位自行设计实验解决该争论。后续还可以继续向学生提问除了温度以外是否还有其他因素也可以造成类似的结果，教师可以举例：酸碱度，同时给他们提供相应实验用品，指导他们设计并完成实验。本实验要求学生理解掌握等温度梯度、等 pH 梯度、对照实验等概念，最终的实验结果要求以数学模型的形式展示出来。

第二课时　神奇的淀粉

厨房里，灶台上的火苗像一群精灵在不停地欢快舞蹈，锅周萦绕的雾气正在扩散到远方，旁边色彩斑斓的果蔬正在悄悄地散发芬芳……厨房是简单的，反映着一家人的一日三餐、一年四季；厨房是复杂的，时刻都上演着复杂的生化反应和理化变化。厨房里随意一样物品都有可能成为科学实验的原材料，淀粉是厨房里特别常见的一样食材，它可以是调味品，也可以是家喻户晓名小吃——豌豆凉粉的制作材料，可它为何又是神奇的呢？本课时就将揭开淀粉神秘的面纱，探究它背后的科学奥秘。

准备环节

想要体验到淀粉的神奇之处其实非常简单，只需要学生在一个大碗中将淀粉和水按一定的比例充分混合，根据具体情况可以多加一些淀粉或者多加一些水，就是这样简单的操作便可以得到一种奇妙的混合物。可以先大胆地让学生猜测这种混合物会是怎样的呢？毕竟很多学生单凭外观尚不能区分淀粉和面粉，所以他们可能会认为这种混合物和面粉加水一样是糊状的。

是否真的像面粉一样呢？这种混合物的神奇之处究竟在哪里？首先让学生们自行制作该混合物，可以组内分工进行：一位学生负责加淀粉，一位学生负责加水，一位学生负责混合，组内其他学生负责计算淀粉和水的比例，算出淀粉浓度。当学生制作完成后让他们参与体验，他们会发现当手用力地去抓这个混合物的时候，混合物会立马变成固体，但当他们重新将手中的"固体"放回容器时，又会立马变成液态，这可能会让学生们惊喜万分，此时告诉学生这就是物理学中的"非牛顿流体"。

然后将学生们制作的非牛顿流体分发给每个学生，让学生先自行观察并设计实验去认识和研究这个物质。他们可以用笔、纸巾、塑料片等各种东西去接触非牛顿流体，探究非牛顿流体遇到各种不同的物质互相会造成什么影响；也可以去探究用同样的物质但是不同的力度去接触会有什么影响，比如拿同一支笔使用不同的力度去戳它；还可以用笔戳后再换成更尖锐的小刀，用光滑的纸张接触后再换成表面粗糙的纸张……学生可以反复进行这些动作，为后续的环节做好充分准备。

外空飞船

前面学生已经通过反复的实验了解了非牛顿流体大致的特征。现在我们将假设在浩瀚的外太空中存在一个星球，它的表面就是非牛顿流体，人类的飞船已经抵达了该星球表面，什么样的飞船在这个星球上才既不会沉没，又能顺利降落和起飞呢？

本环节学生可以以小组的形式完成，部分对此特别感兴趣的学生可能会想个人独立完成。学生们可以利用手头上的可以利用的一切材料：卡纸、小棒、塑料包装纸、卫生纸、胶布等。任务就是根据非牛顿流体的特征制作出一艘在非牛顿流体表面不会沉没，且可以起飞和降落的宇宙飞船。此环节会让学生们沉迷于自我创作无法自拔。教师可以适当规定创作时间，也可给学生明确指定飞船大小，比如可以要求学生所制飞船的长宽高都不可超过20cm。

创作结束之后是学生们的"试飞"环节，学生对自己的飞船进行着陆测试、起飞测试和平面滑行测试。着陆测试只需要学生把自制飞船从不同高度的地方自由下落到非牛顿流体上，比如，20cm、50cm、1m、1.5m等，也可以让学生利用一块塑料板固定成斜45度角或60度角等将飞船沿着斜坡滑下非牛顿流体中；完成起飞测试时，需要用绳子连接飞船，然后让学生朝着斜上方或者上方用力猛拉来实现飞船起飞；平面滑行测试同样需要绳子连接飞船，使绳子平行于非牛顿流体表面朝着一个方向进行拉扯。理想的飞船是要能抵抗起飞和滑行时的拉力，还要能成功地从星球表面起飞。学生们制作的飞船在该星球上可能会全军覆没，让本次测试成为大型灾难现场，也可能会出现杰出的工程师造就出了成功地飞船，完全无障碍探访非牛顿流体星球。但是结果怎样都不要紧，重要的是学生能够将自己的宇宙飞船的制作和测试情况记录下来。

非牛顿流体的应用

通过前面两个环节，学生已经深入探索了非牛顿流体的特征，也在了解特征的基础上做出了实践，非牛顿流体在实际的生活中能应用在哪些方面呢？本环节将组织学生就实际应用方面展开讨论，主要引导学生从非牛顿流体"遇强则强，遇弱则弱"的性质来思考，给足学生交流讨论后，以小组的形式进行分享汇报、讨论结果。

教师手册

材料清单

第一课时：

足够多的新鲜桑葚、破壁机、烧杯、温度计、果胶酶、研磨棒、食用酸、食用碱等

第二课时：

淀粉、大口径容器、玻璃棒、卡纸、小棒、塑料包装纸、卫生纸、胶布、常见手工制品、学生记录表等

活动名称：_____　　活动时间：_____　　组别：_____

活动记录手册——桑食

1. 通过学习和实验我们了解到，破壁机其实是打破了植物细胞的_____，植物细胞相较于动物细胞所特有的细胞器是_____和_____。市场上所购买的水果汁比自行用破壁机制作的水果汁更加清澈的原因是_____。

2. 你认为是不同温度环境下的桑葚影响果胶酶的作用，还是不同温度环境直接影响桑葚的出汁率呢？你是如何设计实验的？

3. 你们组的实验结果是怎样的？

活动名称：_____　　　活动时间：_____　　　组别：_____

活动记录手册——神奇的淀粉

这是什么？		
你想对此混合物做什么实验？（谈谈你具体想用哪些物品对该混合物做实验，怎么做）	你预设的实验结果是什么？（你猜测实验会出现什么现象）	实验的结果到底是怎样的？（实验过程中出现的实际情况）
实验一：	预测一：	结果一：
实验二：	预测二：	结果二：
实验三：	预测三：	结果三：

活动名称：_____ 活动时间：_____ 组别：_____

活动记录手册——神奇的淀粉

1. 你的飞船是用哪些材料做成的？它是什么样子呢？

2. 你的飞船顺利完成了试飞环节吗？如果没有，你认为应该如何改进呢？

3. 你认为非牛顿流体在日常生活中可以如何应用？

花青素的魔法——桑葚扎染技术

虽然同学们从小就习惯用颜料或画笔来创造一个缤纷多彩的世界，但是运用大自然的颜色来进行扎染不免让他们产生疑惑：花青素到底具有怎样的"魔法"？扎染是什么？怎么扎？又怎么染呢？所有的布料都能用来扎染吗？怎样才能染出我想要的图案？本节课将带领学生学习植物色素，了解植物色素提取的一般方法，了解扎染艺术和扎染工艺，讨论挑选出适合扎染的布料，设计扎染图样，进行扎染后晾干，可结合自己的经验和感悟，制作出有独特思想的作品，如小丝巾，围巾，头饰等，并可进一步加工成具有南充特色的文创作品。既能训练学生的理性思维，又可提升学生的艺术素养。

课程背景

参差红紫熟方好，一缕清甜心底溶。每当谷雨时节，田埂上红得发紫的桑葚便成了农人解渴的小食。酸甜可人的桑葚究竟是因谁红来，因谁甜？桑葚作为一种水果口味酸甜，可以为人体提供多种营养，同时含有的芦丁、花青素等活性物质具有一定的保健和药用价值。花青素是自然界一类广泛存在于植物中的水溶性天然色素，经过对花青素的研究发现：花青素可以通过清除人体内自由基，达到抗衰老、防止细胞发生突变、抗癌的作用。由于桑葚中花青素、桑葚红等植物色素含量较高，食用桑葚时在手上和衣服上会留下不容易清理的桑葚汁，从而想到用桑葚汁的颜色进行扎染创作。

扎染是中国著名传统手工艺，因染液渗入织物扎结不同部位，从而产生深浅虚实、变化多样的多层次晕色效果，既有朴实浑厚的原始味，又有变幻流动的现代时尚感，这种独特的艺术效果是现代机械印染工艺难以达到的。对扎染进行大胆的探索与实践，在教学过程中将植物色素与扎染相结合制作出符合时代审美的扎染文化创意产品，实现了科学与艺术的融合，既普及了科学知识，又弘扬了中国传统艺术文化。

领域：生物、艺术、教学

第一课时　万紫千红总是她

大自然是一块神奇的画板，她能画出春日里"碧玉妆成一树高，万条垂下绿丝绦"的生机勃勃；夏日里的"接天莲叶无穷碧，映日荷花别样红"的娇嫩；或是"停车坐爱枫林晚，霜叶红于二月花"的鲜艳……这一幅幅画卷构成了绚丽多彩的彩色王国。如果说大自然是画板，那作画的艺术家是谁呢？是谁掌管着万紫千红的世界？本课时就将带领学生走进植物色素，深入探索了解植物色素的奥妙。

课前任务（一周前）

课前学生以小组为单位完成任务：

任务一：自主查阅有关植物色素的相关知识，比如，植物色素的分类、植物色素的分布、植物色素的用途以及分离提取植物色素的方法等。

任务二：由于不同植物色素的特点不同，查阅出脂溶性植物色素和水溶性植物色素的不同提取方法。比如，叶绿素、叶黄素、胡萝卜素等脂溶性植物色素应该怎样提取；花青素、花黄素、儿茶素等水溶性植物色素又应该怎样提取。

植物色素初体验

上课前，同学们组间分享交流查阅的结果，教师只需要给予总结和补充。此时，同学们已经掌握了植物色素的基本知识，了解到植物色素对于人类生产生活的重要作用，它们正在默默地"造福一方"。教师可以带领同学们继续体验植物色素的"美"，比如在显微镜下观察植物色素，进行简单的植物色素提取实验等。

1. 观察植物色素的分布

教师准备一些植物细胞装片，如海绵细胞、绿色植物叶肉细胞、番茄果肉细胞、花卉组织细胞等，都可以清晰地观察到植物色素，学生在使用显微镜观察时，重点让学生观察植物细胞中的叶绿体、有色体、白色体部分。学生可以通过显微镜的放大效果，直观地观察到植物色素的具体分布、叶绿体等细胞器。

此教学过程应该注意教导学生显微镜的规范使用，如显微镜的取放、载物台上装片的放置、如何正确地使用高倍镜找视野、视野与放大率成反比、光线调节、油镜的使用以及显微镜使用完毕后的注意事项等，在观察植物色素的同时学习显微镜的有关知识。

2. 胡萝卜素的简单提取

各种各样的植物色素已经服务于人类生产生活的多个方面，成为医疗、工业、餐饮等领域的原材料，比如胡萝卜素就可以维持人体眼睛和皮肤的健康，促进生长发育，有效促进健康及细胞发育，预防先天不足，促进骨骼及牙齿健康成长，维护生殖功能等常用于保健品。那么同学们是否可以通过课前资料的搜集、交流分享制定出胡萝卜素的提取方案呢？

在本次实验中，教师可以为学生提供萃取装置和萃取剂，并适当地提供一些实验操作上的指导，同时应该特别注意在学生操作过程中，酒精灯的规范使用。本次实验应特别注意萃取剂的选择，尽量选择高沸点有机溶剂；也可以进一步引导学生以组为单位设置对照实验探究萃取的最佳温度和最佳时间；最后可以使用纸层析法或分光光度计法鉴定学生提取的结果。

植物色素的创作

无论是绿油油的菠菜叶、红彤彤的火龙果还是鲜艳的西瓜汁，都是大自然馈赠的色彩。通过胡萝卜素的提取，学生具体地感知和观察到了植物色素。对学生而言，植物色素不再是一个虚无缥缈的概念，而是一种实实在在的物质。我们如何才能保留这些色素的美，将它定格在最美的时候？本环节将组织学生使用大自然丰富的植物作为材料进行创作去留下色素的美。

学生可以通过多种方式进行选择，既可以将植物拼成一个特定形状装裱起来，也可以利用敲拓染将植物色素敲到布上，或是学生想出的其他办法。创作前教师可以向学生讲解一些简单的构图知识，让学生在了解构图原理的基础上进行创作，而不是盲目开展。此环节为学生奠定使用植物进行艺术创作的基础，让学生树立植物色素可以用于艺术的意识，为后面学习用植物色素进行扎染做准备。

第二课时　神奇的花青素

花青素是植物花瓣的主要呈色物质，瓜果蔬菜五彩缤纷的颜色大部分与之有关。花青素颜色多变与许多因素有关，比如温度、酸碱度、植物是否缺氧、微量元素的多少等。枫叶在秋天会变红就是因为秋天细胞呈酸性，花青素在酸性条件下会变红和变紫。桑葚中花青素含量较高，食用桑葚时手上和嘴唇上留下的紫红色桑葚汁就是证明。

提出问题

教师简单介绍植物颜色多种多样的原因是花青素导致的，花青素存在于众多有颜色的瓜果蔬菜之中。例如向学生展示：将桑葚干泡水时，整杯水的颜色都变成桑葚紫就是因为桑葚中富含花青素。此时提问：桑葚中的花青素在成熟的过程中是怎样从浅红逐渐变成深紫色的呢？是因为气候温差吗？还是不同季节的光照强度呢？

设计实验

此过程学生需要先对影响花青素变色的因素进行假设，鼓励学生根据不同季节的气候大胆假设温度、酸碱度、光照强度等各种可能花青素变色的影响因素。学生在教师的引导和讲解下设计出实验方案，利用桑葚等实验材料自主完成对照实验探究桑葚中的花青素变色的原因。学生最终可以根据自己的实验结果总结出花青素的理化性质。

第三课时　扎染进行时

扎染，古称绞缬，是一种古老的"防染法"染色技艺。绞缬又称"撮缬""撮晕缬"，民间通常称"撮花"。一般作单色加工，复杂加工可套染出多彩纹样，具有晕渲烂漫、变幻迷离的装饰效果。比较著名的云南大理白族扎染、四川自贡扎染、南通扎染和彝族扎染。扎染有纯艺术的一些特性，它不像设计那样有预见性，更偏重于偶然性，要看到画面效果后再趁势而为、逐步深入，这也成就了它独特的气质和魅力。学生只有在实验很多次之后，才能掌握一些规律，并分辨出哪些是自己喜欢的画面效果。

初识扎染

本课时教师先向学生介绍中国植物染、扎染等传统手工艺的发展、历史和形式，让学生了解其文化背景，学习扎染中多种扎布方式以及浸泡和滴染两种染布方式。扎染的技法通常有折叠法、夹扎法、针缝法等不同技法。①缝绞法：用针线穿缝与绞扎的办法来作防染加工。通过叠坯、缝绞、浸水、染色、整理五道工序完成。②夹板法。织物被巧妙折叠之后，再用对称的几何小板块将其缚扎起来，经染色，可获得防白花纹。③折叠法。将坯绸用经向或对角折叠，在不同的位置上以织物自身打结抽紧，然后浸水染色即可。其中夹扎法最容易快速出效果，先折叠好棉布，上下用两根木条夹住，两头再用棉线扎紧，然后浸水染色。

一幅好的扎染作品从布料的选择开始。分发给每组学生桑葚汁以及棉布、化纤布、麻布、毛纺布、丝绸等各种材质的小布条，为了选对使用材料，让大家在正式扎染前先探究出哪一种布料更适合做扎染。

几何之美

学生们绝对意想不到扎染还会和数学存在联系，因为扎染不完全具有预见性而具有一定的偶然性，所以使扎染更加具有自然的艺术色彩。但是几何图形的形成是可以预见的。如果选择折叠法学生需要选好折叠方式和打结位置，如果选择捆扎法也需要确定捆扎的具体位置才可以得到想要的几何图案。向学生抛出问题：扎染如何得到八边形、正方形、三角形、圆形等几何图案，训练学生的逆向思维。此活动需要学生具有一定的扎染技法基础，再根据教师设定的任务有目标有方向地去进行具体的扎染操作，这需要学生具有一定的折叠想象能力。

首先，学生发挥几何抽象思维和逆向思维，设计方巾折叠方式和打结位置，再通过逆向推导对方巾进行有目的的折叠或者扎绳。此过程中难免会出现失败的现象，但是不要紧，可以鼓励学生多次尝试，在试误中摸索经验取得成功，同时可以鼓励学生尝试多种几何图案的创作。当创作成功时，一张张菱形、八边形、圆形等图案的扎染作品工整而不失自然美、简单而不失艺术感。最终根据创作成功经验总结出得到各几何图形的扎染操作方式。

教师手册

材料清单

第一课时：

植物细胞装片、显微镜、胡萝卜、萃取装置、萃取剂、酒精灯、敲拓染工具、所需的各种植物等

第二课时：

酸、碱、烧杯、桑葚干、玻璃棒、温度计、冰块、热水等

第三课时：

扎染所需的小方巾、夹子、棉线、棉布、化纤布、麻布、毛纺布、丝绸、桑葚汁、颜料、色盘、水盆等

活动名称：＿＿＿＿＿＿＿＿＿　　活动时间：＿＿＿＿＿＿　　组别：＿＿＿＿＿

活动记录手册——万紫千红总是她

1. 显微镜下你看到了什么？

2. 你们小组是如何提取胡萝卜素的？

3. 在胡萝卜素提取的过程中遇到的问题：

4. 用植物色素进行创作，你有什么想法？

活动名称：_____ 活动时间：_____ 组别：_____

活动记录手册——神奇的花青素

1. 你认为影响花青素变色的因素有哪些呢？你是如何设计实验的？

2. 实验结果如何？

活动名称：＿＿＿＿＿＿＿＿＿＿　　　活动时间：＿＿＿＿＿＿　　　组别：＿＿＿＿＿＿

活动记录手册——扎染进行时

1. 关于扎染你了解到了什么？

2. 通过探究你认为哪一种布更适合做扎染呢？为什么？

3. 根据创作成功经验总结出得到各几何图形的扎染操作方式。

舌尖上的酸味

人生的酸甜苦辣，在餐桌上就能体会一番。醋作为酸的代表，层次感分明，酸中带清甜和鲜，增香提味，画龙点睛。随着传统工艺不断推陈出新，醋也衍生出了饮料、工业原料等新产品。通过各种有趣刺激的小实验我们会发现，这种主要成分为醋酸的物质，沸点低、酸性弱、能与碱反应并产生大量气体，还能充当电解液。通过厨艺比拼我们也能知道，鱼香肉丝为什么没有鱼？腌黄瓜为什么要加醋？自己动手不仅丰衣足食，还能实践出真知。

课程背景

桑葚乌了，樱桃红了，枇杷黄了……每年的4月开始，南充就进入了一片瓜红柳绿的丰收季节。南部张家村桑园、漤溪桑园场、嘉陵区千年绸都第一坊，千亩桑田，树上挂满了果，黑里透红的桑果儿，一口咬下去，汁水四溢，酸甜的口味涌上舌尖，只留下一口发黑的牙。农民伯伯辛勤地在果园里工作，将漂亮的桑葚摘下，送到各大街头和超市，成了当季水果中的上等佳品。桑葚摘多了也没有关系，做成桑葚酱是面包的最佳拍档，酿成桑葚酒不时小酌一口滋补养血，制成桑葚醋是天然的绿色保健品，改善皮肤血液供应，健体美颜。

醋在自然环境中可自行生成。古代世界各地的人类很早以前就开始食用醋，有文献记载的酿醋历史至少在三千年以上。东方醋起源于中国，中国古代劳动人民以谷物制酒，以酒作为发酵剂来发酵酿制食醋；西方在古埃及时期出现醋，以水果和葡萄酒酿制。除了桑葚醋、苹果醋、柠檬醋这一类果醋，醋的种类还有米醋、白醋、陈醋、香醋、老醋等，香型不同，口味各有千秋。醋和南充一直有着密不可分的联系。阆中的保宁醋与山西老陈醋、镇江香醋、永春老醋并列为中国四大名醋，有着近400年的历史，因其醇香饱满的口感而远近闻名。制作保宁醋选材考究、工艺复杂、历时长久，制得的醋色泽红棕、酸味柔和、醇香回甜。

作为日常生活中必不可少的调味品，醋参与了鱼香肉丝、糖醋排骨、虎皮青椒等经典菜式的炒制，满足了人们味蕾上的挑剔。在医学、美容方面，醋也有不小的功劳，能够防腐抑癌、平血脂降血压、活血散痕、消食化积。在生活中，醋还能去除水垢、清洗污渍、杀菌防霉消毒、净化空气。在实验室里，醋又会为我们创造怎样的奇观呢？

领域：化学、物理、数学、生物、厨艺

第一课时

素有"果城"之称的南充，为制醋提供了丰富的材料，柠檬、桃子、葡萄、枇杷、樱桃、桑葚……最受当地人欢迎的当属桑葚醋。一方面源于绸都人民对父辈们赖以生活的蚕桑业格外的情愫，另一方面则是源自桑葚醋独特的口感和集众多优点于一身的功效。每年五月底六月初，桑葚快要过季，也刚好迎来同学们心心念念的暑假，正是做桑葚醋的好时机。从选择原料到洗缸发酵，从果酒到果醋，经过漫长岁月的洗礼，桑葚醋口感越发浓郁。制作桑葚醋看起来简单，实际上不同的人做出来的桑葚醋在色泽和口味上都会略有不同。但我们今天不必纠结感官上的差别，而要充分挖掘它作为醋的性质。醋、醋酸，究竟具有多神奇的魅力呢？

科学实验室（60～80分钟）

空手下油锅（20分钟）

我们常常在电视里看到这样令人心惊胆战的场景：几个杂耍艺人在街头支起一口大锅，里面盛满了沸腾的"油"，内抛一枚硬币，一人鼓足勇气将手迅速

伸入，仿佛受到了莫大的煎熬，几十秒后将铜币捞出，竟然毫发无损。路人纷纷鼓掌，心甘情愿地掏出银子。今天我们要情景再现，揭发下油锅的障眼法。

为了不让学生看出破绽，教师要提前在小锅里（避免浪费）准备好"油"，放在电磁炉上，并在油面固定好温度计，使温度计的玻璃泡跟"油"充分接触，浸没在"油"中。加热时注意开低档。等到"油"轻微沸腾时，教师可悄悄查看温度计示数，确认无害后将手掌伸入并鼓励大胆的学生尝试参与，待沸腾程度越来越强且手部感到不适时抽出，制造下油锅的假象。表演结束记得关闭电磁炉，避免烫伤。

学生在惊叹之余充满了疑惑，老师究竟是如何做到的？教师可请表演的同学谈谈自己的体会来解开谜团。咦！沸腾的油怎么不烫手呢？眼尖的学生首先会关注到温度计示数的变化，正确地读数后，同学们会发现此时的"油温"只有 60℃ 左右。而我们平时使用的食用油、菜籽油沸点都在 200℃ 以上，显然这不是正常的"油"。

教师进一步引导学生走近扇闻"油"的气味，一股淡淡的酸味扑面而来，学生猜测油里有醋。根据资料我们知道醋酸的沸点是 117.9℃，为什么会和温度计示数有所差别呢？请同学们查阅资料并猜想原因。大多数同学能想到混合物和纯净物的区别。我们所说的沸点，对象要求是纯净物，醋的主要成分是醋酸，还含有丰富的氨基酸、维生素、盐类等对身体有益的营养成分，是一个混合体，因此无法以醋酸的沸点来以偏概全。也会有同学以为是共沸原理（查找资料时会出现这样的答案），甚至有同学了解到莱顿弗罗斯特效应。

不同的原理对应了不同的实验现象，请学生对照所找到的视频、图片等信息和现实的实验操作，找到"下油锅"实验的合理解释。当学生最终明白"油锅"为油和醋的混合物，也观察到油浮在上层，醋沉于底部，得出油的密度比醋小的结论后，让学生查询油醋比例区间，设置梯度实验找出最适比例，并设计改进实验的方案，如加入某些使实验现象更明显、或可以降低醋的沸点的物质，利用实验室数显磁力加热搅拌器（没有时可用简易装置代替）来完成一次下油锅体验。由此，空手下油锅的骗局就被聪明的同学们解开了。该过程需要教师全程监督，谨防出现危险。

喷发吧！火山（20分钟）

火山是炽热地心的窗口，地球上最具爆发性的力量。火山爆发是一种奇特的地质现象，滚烫的岩浆冲破层层压力，从地壳薄弱的地方冲出地表，完成一场盛大的飞升。随着压力急剧减小，挥发气体迅速逸出膨胀，火山灰洒下，高温浇灭周围的一切生气，落了片灰茫茫的大地。最终火山灰逐渐冷却形成多种矿产，为日后群落演替和动植物生存提供了优厚的物质条件。地球上的万物更迭总是这么充满惊奇，下一次火山喷发会在什么时候，谁也不知道。也许我们可以通过一个小小的实验来欣赏大自然这壮观的景象。

实验目的：模拟火山喷发现象并阐述完整的实验原理。

实验原理：酸和碱能够发生化学反应。

实验材料：见材料清单。

实验过程任务：①就已有材料思考洗洁精、色素的作用，再模拟、观察、记录火山喷发现象；②思考洗洁精泡泡是怎么产生的；③根据元素守恒定律猜测使洗洁精产生泡泡的气体究竟是什么？如何收集并检验它？

在学生单独完成实验的过程中，教师应层层递进地提出任务问题，一环紧扣一环，根据学生回答的内容引导他们继续思考，从而完成实验探究。在寻找洗洁精泡泡的来源时可以联系火山喷发是由于"挥发气体迅速逸出膨胀"而得出，实验产生了气体。接着，教师可让学生写出小苏打和醋的主要物质的化学式，引导他们找出相应元素的去路，并根据元素守恒定律判断该气体是二氧化碳。对二氧化碳的收集需要用到气球，以此排除空气中其他气体的干扰，最后通入澄清石灰水检验，观察到澄清石灰水变浑浊再变澄清的现象，鼓励同学们自己找出原因。

对于高年级的同学，他们已经知道了醋酸和小苏打的反应原理和产物，这样的实验显得无聊且苍白。不妨让学生查阅文献深入了解火山喷发的原因，尝试设计、改进实验装置，使装置更加满足高温、高压的标准，使材料更加接近地壳内部物质成分。要求能够模拟地壳深处液态区内岩浆受到高温高压作用，冲出地表形成喷发的自然现象，具体为直观地演示"岩浆"在地球内部涌动的现象，能够演示火山喷涌过程中"岩石顶盖"破裂、"岩浆"从"火山通道"喷出的现象。教师要提前将可能用到的实验材料准备好。

热冰暖宝宝（20 分钟，不包括等待时间）

《冰雪奇缘》里勇敢的艾莎女王拥有天生的魔力，所到之处冰凌结晶、银装素裹，尽化作美丽的童话世界。在现实生活中，点水成冰的魔法也能被运用得有模有样。你是否见过一种热得快的暖宝宝，不需要装热水，也不需要充电，只要轻轻掰动袋子里的金属片，流动的液体就会瞬间凝固成"冰"。用手一摸，"冰"上热乎乎的，可以持续四五十分钟。这种现象的产生利用的是过饱和原理。动动手，制作一个热冰暖宝宝吧！

实验目的：点水成冰。

实验原理：在一定温度、压力下，当溶液中溶质的浓度已超过该温度、压力下的溶质的溶解度，而溶质仍未析出的溶液，称为过饱和溶液。醋酸钠的热饱和溶液在不受扰动下冷却，结晶作用往往不会发生，是一种介稳体系；当搅动该溶液或加入溶质的"籽晶"，即能析出过量溶质的结晶。

实验材料：见材料清单

实验过程任务：①配制醋酸钠饱和溶液至冷却（什么是饱和溶液？以什么样的标准判断？）；②思考并探究溶液中的目标溶质浓度、溶液 pH、温度对溶液结晶效果的影响，有什么方法可以加快结晶速度？③观察结晶过程，记录实验现象。根据所学知识制作"可重复利用的暖宝宝"（可重复利用是指在凝固后能使其恢复液态，重复使用）。

白醋电池（20～40 分钟）

在南充冬天干燥的空气里，我们将手触到别人身上，冷不丁感觉自己被电了一下；黑暗的夜里脱下暖烘烘的毛衣，能看到淡蓝色的电光，伴随着"呲啦呲啦"的声音。小时候学习了摩擦起电，我们就知道将两种不同材质的物品放在一起单方向摩擦再分离，即可产生静电。虽然静电能在一瞬间形成很高的电压，但由于其电量小、无法预测而与我们生活中常用的电有所不同。生活中的"电"一般是由发电厂生产，常见的有水力、风力、火力、核能、太阳能发电等。这些电需要通过电网输送进居民家中、商业用户和学校用户。肯定有同学要问，遥控器里的干电池、手表里的纽扣电池，里面的电是怎么来的？难道是电厂将电能储存在了电池中？电能够被储存吗？

带着这样的问题，教师让学生观察几种不同型号的拆解电池。因拆解电池具有一定的危险性，教师可只提供视频和图片，配以电池内部材料。如碱性锌锰电池，原料包括二氧化锰、锌、氢氧化钾电解液。对于低年级的学生，教师要讲解各成分作用和工作原理，锌锰电池是由锌、锰元素得失电子形成电流。二氧化锰中锰原子的电子为正极，贴在柱体内壁，凝胶状的锌粉和氢氧化钾的混合物中锌原子失电子为负极，处在电池中间，正负极用专用隔膜隔开。正极和负极均发生电化学反应，使电子由负极流向正极。对于高年级的学生，教师可要求学生完成正负极判断和电极反应式的书写。

基于以上知识，学生知道了电池里的电并不是由发电厂供给的，而是电池内部发生的化学反应。请同学们多观察几组电池，得出构成原电池的基本条件。思考除了碱性电解液，我们能不能利用酸性溶液和材料制作原电池呢？

实验目的：制作原电池，使二极管发光。

实验原理：利用氧化还原反应，负极放出电子，元素化合价升高，发生氧化反应；正极得到电子，化合价降低，发生还原反应。电子由负极向正极转移，从而在外电路中产生电流，实现了化学能转化为电能。

实验材料：见材料清单。

实验过程任务：①选择合适材料制作原电池，至少完成两组；②判断原电池的正极和负极；③总结原电池的构成条件；④连接二极管，使二极管正常发光；⑤思考要形成电流必须具备哪些条件？

以上内容均为课堂实验，教师在课后可组织高年级的学生参加原电池设计大赛，自制小风扇、手电筒等。要求参赛作品必须符合原电池原理，演示过程有明显的实验现象（如电流的持续时长等）；必须要有设计理念或设计主题，如体现绿色环保、献给母亲的礼物等；必须设计原理说明；必须利用生活生产原材料，进行自主设计。作品的具体名称、作者、设计理念、材料用料、工作原理等以手抄报的形式展现。

醋写密信（20 分钟）

本实验主要为低年级学生展开，宜放在最终环节。教师可以编一些带有神秘感和使命感的故事，增加学生参与其中的兴趣。如，土国人民常年饱受寒冷的困扰，电力生产也十分落后，国王听说我们今天做了许多有趣的实验，他们对热冰暖宝宝和原电池的制作十分感兴趣，也想学习醋的相关知识。所以他们给我们发来了一封求助信。但为了避免书信内容被敌国窃取，他们对文字进行了保密处理，据可靠消息称，信是用白醋写的。亲爱的同学们，请大家想想办法，将这封神秘的书信破译出来，并利用相同的原理，给土国国王写一封回信。

本课时涉及的实验均具有可操作性和实用性，每个实验从醋的不同性质给予学生启示，能以小见大地培养学生的创造性思维和动手操作能力，引导学生关注生活、学习生活、改变生活。在实验方案的搭配上，教师可根据实际情况进行删减，也可全部列出让学生自由选择，最终制造出相应产品。

第二课时

做菜是一门高深的学问。配料的成分、使用顺序、火候和时间往往是大厨们成功的秘诀。本节课学生将用醋制作一道道美食，在烹饪的过程中见证酸与醇的完美碰撞，在糖醋味的香气中享受煎炒烹炸的乐趣。

清蒸爆炒，醋味绵长（40～80 分钟）

醋字，是由酉字和昔字组成，古人用造醋的智慧告诉我们，醋就是味道发酸的从前的"酒"。醋的口味丰富多彩，陈醋醇浓酸、香醋味香甜、老醋酸爽口，抿上一口，唇齿留香，往菜里加上一小勺，鲜味上窜，层次丰满。请同学们仔细回忆，在家中有哪些菜品与醋更加搭配？这其中有什么营养学知识？学生能想到一些常见菜品，但大部分仅能从口感上判断醋的用途。对于低年级的学生，教师可以只进行简单的科普，如茄子、紫甘蓝、土豆丝、豆芽、藕、凉拌菜、小鱼、排骨、肉、腰花、海带等食物，都可以加醋。而高年级的学生，教师可以让学生对说出菜品的种类进行总结，找出它们的共性，思考其适合加醋的原因。如紫红色的蔬菜中的花青素在酸性条件下颜色更新鲜，富含维生素C 的蔬菜在酸性环境中营养更不容易流失，骨头汤中加醋能促使钙溶解……教师进行适当补充和延伸。

对醋的感知要从味觉入手，举办类似的与醋有关的厨艺比赛或果醋品鉴活动，可以在课堂中进行，也可以课外活动的形式展开。既能让学生在繁重的学业中获得充分的放松，提高个人综合素质，又能让他们学以致用，丰富校园文化生活。活动要用到的材料较多，教师应提前发布厨艺比拼告示，明确所要做的菜品，如鱼香肉丝、鱼香茄子、糖醋鱼、糖醋排骨、糖醋包菜、凉拌菜、食醋泡菜等，并进行适当搭配（如在规定时间内要求制作两种素菜）。同一菜品至少安排三组学生分别烹饪，以便对照。学生 3~4 人一组，自主分配好前期制定计划（包括列出材料清单和操作步骤等）、采买（调味料由班级统一购买），中期掌勺、切菜配料、过程记录，后期专业问答、评比打分、打扫卫生等工作。

除了食醋泡菜需提前 3 天左右泡制，其他作品均在活动现场完成，教师要根据菜品选择把控比赛时间。在烹饪的过程中，掌勺的同学为主导，负责做菜和具体任务的合理安排；切菜配料的同学也要求有一定的烹饪功底，能熟练使用刀具和处理食材；记录的同学要严格记录配料用量，调味先后以及每一步骤的烹制时间、火候等关键信息。烹饪环节结束后，由专业评委（活动可邀请家长参与，厨艺好的家长自荐担任评委；或邀请班级科任老师参与）和每小组派出的一名代表品尝所有菜肴，并参照标准从色香形质味等方面进行打分，其他同学也可给自己喜欢的作品投票。评分采用百分制，专家组和学生组分别去掉一个最高分和一个最低分后取平均值，总成绩构成为专业评分：学生评分：路人投票 =5：3：2（具体标准由教师自由发挥）。

喧闹过后，回忆飘香（20 分钟）

为什么相同的食材做出来的菜肴口味却不同呢？为什么别人做的鱼香茄子比我做的好吃呢？为什么泡菜多泡几天就不脆了呢？有请同一类菜品的最高得

分组的同学与大家交流经验，也允许失败的同学提出自己的困惑，由到场的家长评委点评讲解，分享做菜小窍门。在分享的过程中，教师作为主持人要积极与学生和家长互动，抓住关键信息，适时抛出主要问题，如糖醋鱼的腌制当中用干淀粉还是湿淀粉更容易挂糊？在煎煮的过程中先加糖还是加醋呢？鱼香肉丝的香味从何而来？加酒加醋有什么作用……针对这些问题，学生可以从比赛的结果中略窥一二，但也有些内容需要教师引导深入挖掘，如产生香味的酯化反应、制作泡菜的渗透作用、质壁分离，细胞膜的选择透过性与血液透析膜等。在一次次尝鲜，一声声惊叹，一点点提示中，学生对某些概念有了基础认识。这些作用和原理在日常生活中有哪些用处呢？不妨请同学们记下自己的奇思妙想，并在课后查找资料验证，寻找实施的方法途径，为日后参与科技创新研究打下坚实基础。

小小的厨房里蕴藏着许多知识道理，生活中的惊喜更是无处不在，醋在妈妈们的手中华丽变身，将一道道新鲜菜品变成人间美味。处处留心皆学问，让我们用眼睛、用心去发现这美丽的世界，用脑用手去创造更美好的明天吧！

教师手册

材料清单

第一课时：

空手下油锅：食用油、白醋、盐、硼砂、电磁炉、小锅、双金属温度计（量程 0～300℃）、实验室数显磁力加热搅拌器（没有可用简易装置代替）、烧杯、量筒

喷发吧！火山：烧杯、玻璃棒、一个小瓶子（口径小的效果更好）、小苏打、洗洁精、醋、气球、澄清石灰水、色素、水、盘子

火山喷发实验装置改进：长 7cm 高 5cm 的长方形玻璃水槽、热得快、塑料输液瓶、小型手动打气筒、塑料胶管、红墨水、生石灰块、食用醋、橡皮泥（或

面团)、薄泡沫板等

热冰暖宝宝：白醋、小苏打、水、加热锅、烧杯、玻璃棒、酒精灯、蒸发皿、盐酸、氢氧化钠、pH 计

白醋电池：钳子、易拉罐、铁钉、铜丝、二氧化锰、锌片、白醋、纸杯若干、石墨

醋写密信：白醋、白纸、蜡烛、打火机、小茶杯、小毛笔(或棉签)

第二课时：

厨房用具(锅碗瓢盆刀具、加热装置等)、新鲜食材(学生自带)、调味品(油盐酱醋糖淀粉等，根据学生所列清单统一购买)、评分标准、打分表、投票纸

活动名称：_____ 活动时间：_____ 组别：_____

活动记录手册——空手下油锅

1.通过观察和实验我们发现，空手下油锅用到的"油"其实是_____，_____漂浮在上层，_____下沉在底部。当我们加入硼砂，且"油"中物质的比例为_____时，"油"沸腾时的油面温度最适合下手，此时油面温度为_____。

设置比例梯度探究空手下油锅的最适物质比例

	"油"中物质比例（：）	沸点温度（℃）	达到沸点所用时间（min）	整体效果
第一次				
第二次				
第三次				
第四次				
……				

2.实验过程注意事项：

活动名称：_____ 活动时间：_____ 组别：_____

活动记录手册——喷发吧！火山

1. 火山喷发实验中为什么要加入洗洁精和色素呢？

2. 洗洁精泡泡是怎么产生的？

3. 使洗洁精产生泡泡的气体究竟是什么？如何收集并检验它？

4. 请写出火山喷发涉及的化学反应方程式。

5. 火山喷发新装置使用说明书

装置名称		
制作材料		
制作步骤		
使用方法	操作	效果

活动名称：_____　　活动时间：_____　　组别：_____

活动记录手册——热冰暖宝宝

实验目的	探究溶液中的目标溶质浓度、溶液 pH、温度对溶液结晶的影响（选择其一）
实验原理	
实验仪器 / 器材	
实验步骤	
实验结果 / 收获	

活动名称：＿＿＿＿＿＿＿＿＿　　活动时间：＿＿＿＿＿＿　　组别：＿＿＿＿＿

活动记录手册——厨艺比赛评分细则

权重(%)	指标	评分标准(分值)	分值
15	色	优：菜品颜色鲜亮，均匀且有光泽(8～10)	
		良：颜色过深或过浅，不均匀，黯淡并缺少光泽(4～7)	
		差：不能呈现出应有的菜色，有杂色或颜色模糊(1～3)	
20	香	优：香气浓郁，持续时间长，入口浓香(8～10)	
		良：香气寡淡，持续时间短，入口香气弱(4～7)	
		差：缺乏应有的香气，或有其他异味(1～3)	
15	形	优：菜品搭配合理，配料形状、大小一致(8～10)	
		良：菜品呈不规则状，配料形状、大小不一致(4～7)	
		差：菜品及配料形状、大小极不均衡(1～3)	
25	质	优：营养丰富软、硬、黏度适中(8～10)	
		良：营养损失较少，较软、较硬或较黏(4～7)	
		差：营养搭配不合理，形状不明，组织不均匀(1～3)	
	味	优：酸甜微辣，味道平衡(8～10)	
		良：过酸、过甜或过辣，味道寡淡或不平衡(4～7)	
		差：味道极度不平衡，口感差(1～3)	

品酒品人生

　　每当同学们被鼓励走出户外或让他们体验动手制作时，他们都会欣喜若狂、迫不及待地积极参与。本节课我们将调动学生的积极性带领学生更加深入地了解酒。大部分学生从小可能就有这样的疑问：酒是如何形成的呢？酒的成分是什么？在制作酒的过程中应该注意哪些事项？为什么医用酒精一定是75%的乙醇？……如果我们能让学生在动手操作的过程中自主发现这些问题并讨论解决，无疑会拓宽学生的视野、提高学生思考问题的能力，从而使学生更加留意生活、热爱生活。

课程背景

　　从古至今，遗留下的酒赋、酒歌、酒词、酒诗、酒令等多如牛毛，群英会、鸿门宴、煮酒论英雄、东晋新亭会等历史著名酒局都是中华五千年历史长河中璀璨之星。现今也出现了"我有故事，你有酒吗？"等与酒有关的网络热词，根据国家统计局数据，2018年主要经济效益汇总的全国酿酒行业规模以上企业总计2546家，累计完成产品销售收入8122.74亿元，同比增长10.20%；累计实现利润总额1476.45亿元，同比增长23.92%。近两年国内酒类的营业额和销售额仍不断增加。

　　何以解忧？唯有杜康。我国是酒文化的发源地，是酒的故乡。当然酒不仅影响着中国文化，起源于美国西部的酒吧文化现已风靡全球，各国著名酒庄也成了热门旅游地。酒自古以来就不只是一种饮品，被誉为玉液琼浆，是一种文化、是养生、是产业、是爱好、是品味……除了饮用助兴，早年扁鹊就曾用药酒治病救人，酒精也一直作为消毒液被广泛使用，因此酒早已潜移默化地成为人们日常的生活必需品。

　　近年来中国酒业的高速发展也带动了酒业高等教育的产生与发展，已有部分高校开设了酿造和葡萄酒等与酒相关的专业，但是大多数中小学生对于酿酒技术的学习还只是停留在对书本的死记硬背阶段。南充自古被称为果城，有着适宜的自然条件、丰富的水果资源，特别以芸香科柑橘类和桑科类水果著名。因此为了丰富学生的课外生活，学会从做中学、从做中思考，可以让同学们走进乡村农家就地取材，从采摘新鲜水果到酒精发酵完成体验完整的果酒简易制作过程。本节课将结合南充本土特色，开展以酒为主题的 STEAM 课程，让同学们从体验中提升动手操作能力、从科学原理中讨论人生哲学。

　　领域： 化学、生物、工程、辩论

第一课时　酿酒大赛

　　虽然在日常生活中经常能接触到酒，但是几乎大部分同学都从未体验过酒的制作。学生长期停留在书本理论知识的学习上，很少有参与动手实践的机会，他们往往会高估自己的动手实践能力，低估酿酒操作的难度。加之孩子们容易粗心、不留心细节和没有耐心，往往导致实践操作看起来简单做起来难。所以本次酿酒操作课程对于学生的个人成长很有必要，这必然会是一次难忘的经历！

课前任务（一个月前）

　　为了节约课时促进课程进度，也为了将更多的自主权和更大的自我发挥空间留给学生，所以将酿酒环节作为学生的课前作业。学生以小组的形式，按照老师给出的要求，在规定期限内完成任务，并将成品带到正式课堂参加"酿酒大赛"总评比。老师在一个月前发放任务要求表（表1）和评分细则表（表2）。

表1 任务要求表

任务要求	
视频制作	1. 录制从水果采摘到水果装瓶、酒精发酵和酿酒完成的全过程,视频形式不限,总时间控制在6分钟以内; 2. 视频中需出现全体小组成员操作画面; 3. 视频最后附上制作时遇到的疑惑和困难之处,同时也可以尝试提出与酒有关的其他问题,比如酒的消毒原理等
果酒	1. 材料不限:不限酿制器皿、不限水果种类等; 2. 不依靠他人,小组内独立完成; 3. 保证干净卫生

表2 评分细则表

评分细则	
视频制作 (30分)	1. 视频流畅清晰、内容个性生动(10分); 2. 视频中全体小组成员分工明确、并然有序(10分); 3. 视频最后附上的问题必须是经过思考后提出的有效问题(10分)
果酒 (50分)	1. 所制果酒没有被细菌污染,明确有酒精的产生并没有酸味的形成(20分); 2. 液体清澈(15分); 3. 液体干净卫生,品尝风味佳(15分)
讨论交流时的 小组表现 (20分)	1. 小组同学积极提出问题、思考问题,帮助同学解决问题,保证气氛活跃(10分); 2. 活跃氛围的同时能保证课堂秩序(10分)

大赛进行时

同学们经过一个月尽力地准备,终于到了展示自己成果的时候了。每组同学可以邀请一位家长作为评分嘉宾。每组同学选出一个代表上台播放视频,借助视频向大家讲解本组同学的任务分工、制作选用的材料和器皿、制作过程中曾遇到哪些难题又是如何解决的等,最后还要向大家提出目前尚有疑问的问题，该组其他成员在播放本组视频的同时将做出的果酒成品分发给各位评分嘉宾。

展示环节结束后就是答疑环节，各组同学的制作过程和选材不一样就会导致每组作品情况不同，有些组的同学可能圆满地完成了任务，所制果酒品相风味俱佳，但可能有部分组的果酒失败了，所制果酒出现发霉、变酸变质等现象。这个时候同学们就可以互相提问学习，为什么会变酸呢？为什么会长菌呢？为什么完全没有酒精生成？同学们也可以对比各组的不同的制作过程分析产生不同结果的原因。较为积极且回答正确的小组在本环节中应该得到更高的分数。

绝大多数时候，家长和老师都使用灌输式的教育方式，孩子动手能力也不强，孩子习惯了直接索取知识而不是自主探究。本课时学生具有完全的自主权，无论是果酒制作还是课上问题讨论，这就激发了学生自主去查阅知识，学会思考。教师只需要在学生思路跑偏的时候给予提点。当然他们并不一定能完全解决所有问题，这种时候老师也可以引导他们通过探究去解决问题。通过学生自主交流讨论和教师适当的引导，学生们基本可以得出果酒发酵所需要的物质基础和环境条件，从而理解酒精发酵的过程。

酿酒装置的制作

科学来源于生活又服务于生活，在之前的教学活动中学生通过体验自制果酒和讨论交流已经理清了果酒的发酵原理，那学生们是否可以通过已有知识和经验设计并制作出果酒发酵装置呢？虽然市面上已经在售卖各种家用果酒发酵装置，但是要相信学生们惊人的创造力和想象能力，他们往往会有一些巧妙心思设计出一款方便快捷的果酒发酵装置。

本制作过程仍然以小组合作的形式展开，要求学生们首先组内交流讨论设计方案，绘出设计图纸，再利用所提供的材料完成装置模型，最终是向全班同学展示小组作品，讲解设计思路。本教学过程不仅是简单的手工操作，而是把设计理念通过动手操作转化成实际模型的过程。

第二课时　精确的75%

　　在上一课时的交流讨论环节中，同学们可能会提到医用酒精的使用。细心的同学会发现市场上常见的医用酒精都是体积分数为75%的酒精，那么为什么是75%呢？难道浓度不是越高越好吗？或者是75%的酒精已经足够杀灭所有细菌了，为了避免浪费才不用无水酒精？还是当酒精浓度高于75%后，随着浓度的升高灭菌效果反而会降低？本节课将带领同学们走进实验室，学生以小组合作的形式，通过生活中一个常见的数据去学会科学探究的一般方法。

提出问题

　　提出问题是科学探究过程中的关键一环，探究就是从发现问题、提出问题开始的。善于从日常生活中发掘出有价值的问题有助于提升学生的观察和思考能力。大多数人们对于医用酒精的体积分数为75%这个事实，就像日常穿衣吃饭那样习以为常，学生日常生活中能否留意到这个数值吗？又能根据这个数值提出哪些有价值可操作的问题呢？通过引导带领学生提出本次需要探究的问题：酒精体积分数越高，灭菌效果越好吗？

作出假设

　　是否酒精体积分数越高，灭菌效果越好呢？老师可以引导学生根据自己平时的经验和已有的知识大胆地做出假设。可能一些同学的生活经验认为体积分数越高，灭菌效果就一定会越好；也有些同学可能认为医用酒精的体积分数具有一定的科学道理，所以灭菌效果不会随着体积分数的增加而增加，75%就是最佳体积分数。但是不管学生们如何思考，都应该先卖关子鼓励学生自己动手操作，激发学生做实验的欲望。

设计方案、进行实验

在此步骤，教师向学生提供大肠杆菌、培养皿、量筒、无水乙醇等实验用品，并向学生提出一些要求，比如，自己用无水乙醇和无菌水配置等浓度梯度的酒精（45%、55%、65%、75%、85%、95%）作为实验材料、实验结果以图表的形式呈现等，也要让学生们注意卫生、规范大肠杆菌的使用，讲解并示范规范的实验操作。教师交代完后便可以让学生小组结合所提问题和给出的假设设计出实验方案并完成实验。对于学生设计的实验之中的不足之处，教师可以给予一些建议，在学生实验过程中有操作不规范的地方教师也可以提供指导，教师尤其需要注意学生利用数学知识配制等浓度梯度酒精时的计算问题，稍有不对就会直接影响实验结果的呈现。

实验结果

学生们做完实验，利用图表对实验结果进行分析后，对实验前提出的问题肯定就有了答案。虽然每组同学选用的实验用具和实验方法都不一定相同，但是每组同学的实验结果一定是一样的。通过学生各组实验结果不难证明，体积分数为75%左右的酒精消毒效果最佳。可是为什么体积分数为75%的酒精消毒效果好呢？

教师讲解：酒精灭菌的原理其实是凝固细菌体内的蛋白质，95%的酒精虽能将细菌表面包膜的蛋白质迅速凝固，并形成一层保护膜，但阻止酒精进入细菌体内，因而不能将细菌彻底杀死。如果酒精浓度低于70%，虽可进入细菌体内，但不能将其体内的蛋白质凝固，同样也不能将细菌彻底杀死。只有70%～75%的酒精能顺利地进入细菌体内，又能有效地将细菌体内的蛋白质凝固，因而可彻底杀死细菌。

第三课时　小小辩手

　　回忆第一课时在酿果酒的过程中，部分同学的果酒会有变酸的现象，学生查阅资料可以了解到这是由于醋酸的形成。醋在中国古代被称为"苦酒"，从"苦酒"这一古老名字就说明了醋与酒之间必然存在某种联系。

　　学生通过了解醋酸和酒的形成过程，对比它们在制作工艺中的差异，不难发现酒只需要发酵一次而醋酸的形成需要发酵两次。那些制作果酒却产生酸的小组可能就是因为制作后期器皿没有密封导致空气的进入使二次发酵产生醋酸。名酒和名醋的制作工艺都非常考究，绝大多数的学生意识中都是名酒比名醋贵，教师可以通过之前的教学内容提问：为什么在制作过程中需要二次发酵的醋却比只发酵一次的酒更便宜呢？其实决定酒醋价格的差异因素众多，比如不同的粮食酿造、所用大曲不同、发酵菌种不同、工艺不同、不等的供求关系等原因。而文化是其中必不可忽视的一个因素，古今中外酒文化源远流长，古人云："琴棋书画诗酒花，柴米油盐酱醋茶"，前者说的是精神生活，后者说的是物质生活。也正是因为文化的加持，酒就有了卖贵的理由，再贵的酒都会有人愿意买单，名酒更是千金难求。而柴米油盐酱醋茶这样的物质生活也是必不可少的。人生百态，众生百相，历史上有视金钱如粪土的春秋时期著名政治家和经济学家范蠡，文学作品中也有抠门一生到死都一毛不拔的严监生，他们代表着不同的人生态度。究竟是精神生活更重要还是物质生活更重要呢？本节课将带领学生围绕辩题"物质生活和精神生活哪一个更重要"开展一场小型辩论赛。

准备环节

　　绝大部分学生是初次接触辩论，教师可以先给学生讲解辩论的流程规则等。例如：

　　开篇立论：由正反双方一辩发言，立论要求逻辑清晰，言简意赅；

　　攻辩环节：攻辩由正方二辩开始，正反方交替进行；

自由辩论：正反方辩手自由轮流发言；

结辩：正反双方四辩应针对辩论会整体态势进行总结陈词；

观众提问：正反方各回答两个观众提出的问题，除双方四辩外，任意辩手作答；

最后根据所有辩手的表现，评选出最佳辩手（辩手发言时应当做到观点鲜明，表达流畅，反应灵敏）。

为了方便学生学习也可以向学生播放一些优秀辩论视频。在学生了解了流程规则后，教师将学生分为正方（物质比精神更重要）、反方（精神比物质更重要）。给予学生充足的准备时间，教师也可以提供建议和指导，正反双方学生组内推选出四位辩手，小组同学合作讨论出辩手发言词、总结陈词等。

辩论进行时

学生准备好后，就是紧张激烈的辩论环节了。辩论赛完全按照辩论的原则和流程进行，没有上台的小组成员作为观众在辩论结束后向辩手提问，可以邀请其他各科教师来观看辩论赛为大家做评委评出最佳辩手，并提出双方改进意见。让学生参与哲学辩论，可以提高学生的思辨能力、语言组织能力，同时提高了学生的思想高度，在自由辩论环节更能让学生意识到合作的重要性。若学生对辩论的兴趣度高，教师后续也可以再次组织开展"酒香不怕巷子深／酒香也怕巷子深"此类与本节课内容相关的辩题。

教师手册

材料清单

第一课时：

酿酒比赛：酿酒装置、水果、摄像工具等学生自备、教师需准备评分标准、

打分表等

  酿酒装置制作：剪刀、卡纸、双面胶等做手工常用物品

第二课时：

大肠杆菌、培养皿、量筒、无水乙醇、胶头滴管等实验用品

第三课时：

辩论教室、辩手座位牌、学生奖状奖品等

活动名称：_____　　活动时间：_____　　组别：_____

活动记录手册——酿酒大赛

小组成员：

任务分工：

酿酒日程安排：

材料选择：

在制作的过程中遇到了哪些问题？你们又是如何解决的？

关于酒你们有哪些疑问呢？

描述出你们设计的酿酒装置：

活动名称：_____ 活动时间：_____ 组别：_____

活动记录手册——精确的 75%

1. 我们小组提出假设：_____；

基于假设我们设计的实验方案是：_____

_____

_____

_____。

设置酒精浓度比例梯度探究灭菌效果

	酒精浓度比例（%）	整体效果
第一组		
第二组		
第三组		
第四组		
……		

2. 以图表的形式呈现出实验结果

活动名称：＿＿＿＿＿＿＿＿　　活动时间：＿＿＿＿＿　　组别：＿＿＿＿

活动记录手册——小小辩手

1. 你个人更认同哪个观点？为什么？

2. 你们打算从哪些方面进行立论？你认为对手可能从哪些方面进行立论？

3. 说说你心目中的最佳辩手并说明你的理由。

4. 你认为辩论的要领是什么？

小镜头里的大世界

当你拿到一部数码摄像机的时候，你想要用它做些什么呢？是拍照还是录像呢？为了拍出好看的照片，你会怎样构图呢？……本次课要围绕这些问题，带领学生去蚕桑研究所、桑蚕研究基地等参观采风，学习如何使用数码摄像机。当然，在拍照录像的同时，学生总是有十万个为什么等着我们去解答：蚕为什么只吃桑叶而不吃其他的树叶？蚕是怎样吐丝结茧的？蚕丝被为什么会"冬暖夏凉"？摄影机是如何工作的呢？他们对科学产生了如此浓厚的兴趣，甚至因此想成为生物学家、摄影师、数学家、工程师……那就不要忘记鼓励他们就自己感兴趣的问题对科学家进行专业访谈并将自己的参观经历写进新闻。

课程背景

摄影作为近几年逐渐流行起来的技术，受到了各个年龄层的人的喜爱，尤其是年轻人。它不是简单的拍照，也不是单纯的情景再现，而是被赋予美感和情感的存在。皮特·亚当斯曾经说过："对于伟大的摄影作品，重要的是情深，而不是景深。"想要成为好的摄影师，拍出动人的照片，不仅要在构图布局上下功夫，也要在喜怒哀乐中找角度。然而摄影只能记录静态的美好，录像才能实现动态的抓捕。通过精心的剪辑，这些照片和视频能够系列展出，能够写成新闻，能够长久保存。这也是我们需要学习的技能，摄影、剪辑、作文……当代中小学生的课外活动越来越丰富，能够熟练使用电子设备和运行计算机软件已然成为学生个人能力的加分项。

教师们常常苦于给学生找不到合适的主题让他们练手，为找不到优美的风景、好看的模特而烦恼，殊不知最靓丽的风景就在眼前。作为一座风景秀丽、文化底蕴深厚的历史名城，南充依山傍水，嘉陵江畔草长莺飞，凤垭山上风光旖旎；南充人文厚重，前有纪信忠义开大汉，陈寿万卷著三国，后有开国元勋朱德战沙场，张澜民主革命谱新章。"一带一路"让我们重走南充这条丝绸之路，摄影带我们挖掘蚕桑文化深藏的瑰宝，蚕业研究所的奥秘等着我们去寻找！

领域：摄影、剪辑、作文、物理、手工

第一课时

从专业的角度看，无论是照相还是摄像都是非常需要技术的，绝不是简单地拍下事物，而是要认真构思画面布局，留白的多少、虚实的结合都需要进行合理的搭配。这也是为什么有些人拍出的照片赏心悦目，而有些人拍出的照片了无生趣。在这节课，我们要对数码摄像机进行一番摸索，寻找出研究所里最美的景点，学生也要在参观拍摄的过程中发现问题，找到自己感兴趣的东西。还等什么呢？我们一起去看看吧！

准备环节（30 分钟）

由于智能手机的广泛使用，大部分家庭不会购买专业的摄像设备，导致大部分学生不了解数码摄像机。本节课开始，给学生分组分发索尼 a6000 数码摄像机（摄像机品牌不做特殊规定，只要求拍出的像素尽量高清）。教师应该先告知学生怎样使用数码摄像机，在此过程中，应进行实物操作。比如：

MENU 键是菜单键，按下它就可以看到丰富的基本设置，是一个非常重要的功能键。

AEL 键有两个功能，一是拍摄时锁定曝光量，二是看回放时按该键能放大100% 看局部。

FN 键是快捷拍摄菜单，可以将最常用的设置菜单装到该键，下次只要轻轻一按就可以快速地选择设置，进行摄像。

对焦模式中，AFS 是指单次对焦，AFA 是单次自动对焦，MF 是手动对焦。

我们一般选用 AFC 进行连续自动对焦，在拍摄能动的事物时使用起来最方便；DMF 在操作时需要我们半按快门，适合拍静物。

使用照相功能时，对不同角度的事物采用不同的摄影方式，比如眼平齐，要求摄影时人直立地站着，把摄像机放在眼睛前，对水平方向的事物进行摄影；腰平位，要求人在摄影时站的高度位于腰部，沿水平方向进行摄影。

转动摄像机的镜头能够使镜头拉长缩短，拉长时镜头放大，缩短时镜头变小，可以根据拍摄的事物进行适当调节。

在拍摄的时候，想要突出的细节需要特写，不需要突出的景物可以虚化处理，留白应该遵循黄金比例。

在讲解以上过程时，教师应该检查指导各个小组的操作，及时纠正摄影方式。

该拍摄哪些事物呢？院子里的银杏树、标志性的建筑、辛勤工作的科学家……学生想记录的内容实在太多啦，教师需要对它进行明确的规定：

1. 关于蚕有哪些介绍 (比如文献记载、品种)，有哪些相关设备 (比如织布机、缫丝机)？ (10 张)

2. 关于桑有哪些介绍 (怎样种植、用途、副产品)？ (10 张)

3. 美丽景物和自己感兴趣的东西，也可以是合照等。(5 张)

具体的照片张数学生可自行调整，但尽量完成规定的任务。

温馨提示，为了让学生更有目的地参观研究所，教师可以提前准备好有指向性的问题记录表，提出一些简单的问题，让学生在拍照的过程中完成记录。

参观拍照 (90 分钟)

终于到了参观拍照环节啦！每位教师带领 2～3 组学生，带上设备前往不同的研究所。就南充本土而言，可以去的地方有文峰镇"千年绸都第一坊"、四川省农科院蚕业研究所等。"千年绸都第一坊"包括了蜀桑祭坛、果州秀坊、古蚕栈道等独具特色的景点，风景独好，古韵悠悠。

位于嘉陵江畔南充市内的四川省农科院蚕业研究所，始建于 1936 年，主要从事优质高产蚕、桑、牧草新品种选育及配套种养殖技术、省力化机具的研究和推广。到了研究所一定要给学生强调安全问题，教师应根据准备环节的规定，拍摄几张样本图，再安排学生在讲解员的带领下自由活动，45分钟后第一次集合。学生可以自由参观家蚕遗传育种及生物技术研究室、桑树遗传育种及品种资源研究室、蚕桑机械设施设备研究室、蚕病蚕药研究室等，拍下系列参观照。同时，学生还应该分工记录下照片内容的相关信息，特别是讲解员介绍设备和相关研究时提到的关键词句。

45分钟之后，每个小组展示两张照片，肯定有学生一个劲地拍摄风景照或合照，也会有学生拍出的照片模糊或没有层次，不要给予否定。让大家相互交流讨论照片的拍摄效果，并对照片进行评价，提出建议，进行15分钟。鼓励学生写下自己的构图困惑，比如光线明暗的选择，背景虚实的选择，色调的选择等。

剩下的30分钟仍然安排学生自己参观和拍照。根据其他小组的建议对拍照角度进行调整，并在拍照过程中多次尝试，解决本小组提出的问题。教师可以根据各小组的进度给予适当的指导。

焦点访谈（60分钟）

学生在活动的过程中一定有自己很感兴趣或者不懂的问题，甚至连教师也无法解答。还有些学生想要了解科学家是如何发掘有价值的研究课题，如何进行科学研究的，遇到过哪些困难等。这些问题对培养学生的科学兴趣和思维能力有很大的帮助，所以本环节给予充足的时间让学生对这些问题进行询问和采访。学生采访的对象可以是研究所的科研人员，既可以是科普讲解员，也可以是带队教师……

首先，访谈依然分组进行，学生有15分钟确定采访对象，并将自己想要询问的问题用清晰准确的语句罗列出来，要注意问题的连贯性和逻辑性。教师应该对问题进行严格把关，避免重复累赘或词不达意，但不能过分限制，允许学生天马行空。在此基础上，学生要就问题的深度和广度与采访对象进行前期沟通，把握对象的外貌特征、性格特征、职业背景以及安排采访和问答的方式等。接下来的15分钟，学生要将数码摄像机准备好，因为录像时会涉及许多问题，比如如何设置机位？距离对象多少米时背景最好看，人物最清晰？在多少米的范围内收音效果最好？这些问题都需要学生提前摸索清楚，以便呈现最好的效果。最后30分钟学生分工合作，每小组有人采访，有人记录，有人用数码摄像机进行访谈录像。

这是收集素材的过程，学生外出采风带回照片和视频资料，在活动的过程中不断发现问题和解决问题，为后续课程的开展储备了丰富的知识，打下了基础。

第二课时

从实际用途出发，本节课学生要对上节课收集到的资料进行整理和分类，制作一则有声有色的参观类新闻稿。在整理的过程中将会涉及新闻图片的选择以及视频的剪辑。学生要接触不同的视频剪辑软件，选择自己喜欢的进行操作，剪辑出完整流畅的访谈视频，使新闻稿更加生动，具有感染力。

美图精选（20分钟）

每个小组在上节课已经收集了至少25张照片，它们或清新秀丽或严谨刻板，有着自己独特的风格。但并不是所有的照片都能用于新闻稿配图，还要考虑图片对传播效果是否有正面作用。如有一些照片，拍摄距离过远导致细节不够高清，图像过大导致内容不够完整，照片主题不明，不具有代表性（尤其是风景照和人物照）……这类照片采用的意义都不大。那怎样的照片才有利用的价值呢？（当然，有些照片对学生来说可能有着特殊的意义和回忆，学生可自行保存。）教师可以用学生拍得的照片来举例说明，比如，某处景物只存在于"千年绸都第一坊"或者四川省农科院蚕业研究所而别的地方没有，某人正在做的事在该背景下具有特殊意义或在该背景下才会发生，像这种出处明确、性质清楚的照片才可以被采用。另外一些在新闻稿中可能需要借鉴的数据、图表、排行榜等，都有相应的版权和排版要求，教师可根据实际情况选择是否进行讲解。

大多数小组会选出多张符合原则的照片，但新闻稿中一般要求最多不超过三张图片，且必须真实有效。这下该怎么办呢？计算机桌面上有多款修图软件，比如 Photoshop、光影魔术手、Lightroom 等。学生可以选择自己喜欢的软件，想尽一切办法在不改变原像素的基础上将四张小图拼成一张大图。本环节只要求学生接触修图软件，学会简单的图片拼图和照片排布。对于人像美化、细节精修等精细处理可交由学生自行摸索，教师给予适当指导，具体时间可安排到课后。

剩下的需要保存的照片应该编号存档。教师要指导学生按照对应编号将时间、地点、主要事件等要素标注清楚与照片归入同一文件夹，存入硬盘，以便日后翻看。

视频剪辑（60 分钟）

学生带回来的视频资料精彩纷呈，既有对蚕桑文化的解读，又有对科学前沿的分析。其中也不免有些偏离主题的视角和模棱两可的问题，显然是不能照单全收的。那哪些内容是我们需要的呢？前 10 分钟，教师要指导学生按照新闻稿需求选取重要的访谈片段，告知学生大致要求。如剪辑思路要延续前期的脚本设计，画面和内容的整体要完整，哪些内容必须出现，哪些内容应当裁剪都需要考虑清楚，卡准时间节点，列出提纲。

接下来的 20 分钟要教学生剪辑视频。如何将 30 分钟的访谈视频剪辑成 3~5 分钟的新闻视频呢？学生会告诉你许多答案。比如用微视、抖音一类短视频软件剪辑视频，它们操作简单易上手，只要一部手机就可以完成。可事实真的如此吗？一旦动手操作你就会发现，储存卡里的访谈视频数据庞大，手机运行内存较小，把访谈视频导入手机将导致卡顿，而且对视频像素、流畅度有一定磨损。如果想在视频创作的质量、特效等方面达到更高标准，则需要用到计算机版剪辑软件。在这里，教师可以介绍一些更加专业的软件，比如会声会影、爱剪辑、Adobe Primiere 等，说明它们的优缺点，进行简单的操作示范，至少精讲一款剪辑软件。至于讲哪一款由教师自己决定，讲解的深度以满足学生新闻稿的要求为宜，以爱剪辑为例。

根据本次访谈的重点内容，教师要教学生如何截取视频，如何在爱剪辑软件的预览/截取界面设置开始时间和结束时间，将视频剪成需要的若干小段。截取完多个小视频之后要合成一段完整的视频，需要一个一个地选择文件再点击"继续添加视频"，耗时又费力，有没有办法将多个视频同时载入？这样导出的新闻视频就能算完成了吗？再仔细想想我们平时看到的电视视频是怎样的呢？各小组可以相互参观，查缺补漏，认真检查掐头去尾后视频是否衔接得当。对于某些视频内容过于跳跃的，由学生自己寻找解决方法，比如给分段内容增加主题标题，在镜头切换处增加音效，甚至会有学生提出在空白处增加自己的解说等，也会有学生提出去杂音、加字幕、加特效、加快播放速度等要求。对于学生的集思广益，教师应该鼓励学生动手实践，将想法落到实处。在教师统一讲解后，留下30分钟交给学生自己进行操作。

新闻写作（50分钟）

万事俱备只欠东风。大家一定迫不及待地想记录下在参观路上的所见所闻和所思所想，配上整理好的图片和视频，一篇新闻稿呼之欲出。但每个人的侧重点有所不同，有些学生想象写日记一样简单地写下时间、地点、人物、活动；有些想描述自己的参观路线，见到的机器设备和最新的科研进展；有些想记录采访对象的独特见解……学生的想法各种各样，教师要在主题不限的基础上明确新闻写作。无论是参观类新闻，或者是人物专访新闻，还是社会实践活动新闻……都必须遵从新闻稿的特点，在立场上观点鲜明，在内容上真实具体，在反应上迅速及时，在语言上简洁准确。因此本课时应在第一课时完成后三天内完成，若课时有限可作为写作练习，不参与发表。

为了让学生更加快速地掌握新闻写作的要点，教师应提前准备几篇可能会用到的类型相似的新闻，作为参考模板，并给学生分配任务。比如，小组成员一起看2~3篇新闻，再用一句话概括出新闻内容。大多数学生能够总结出主要人物和事件，教师便可作补充式的提出六要素，即Who（何人）、What（何事）、When（何时）、Where（何地）、Why（何故）和How（如何）。再如，请小组同学对新闻进行分段，分析每大段内容的写作特点。许多学生会做出"总—分—总"的划分，教师顺势提出新闻的基本结构，包括标题、导语、主体、结语。具体内容可通过实际文章进行讲解，以《南充要发展，不能只靠单打独斗——访同济大学副校长吴志强》为例：

标题《南充要发展，不能只靠单打独斗——访同济大学副校长吴志强》准确地概括消息内容，既交代了文章的写作对象，又点明文章的中心思想，能快速地帮助读者了解报道。

新闻稿一般采用倒金字塔的写作方式，把事情最重要的部分放在第一段，即导语。文章的导语将时间、人物、活动这些最主要、最新鲜的事实，简单直接地概括出来，典型的开门见山，为直述型导语。

主体是新闻的主干部分，是对导语内容的具体描写，文章按照逻辑顺序就吴志强分析的城镇化发展深入展开。

结语作为新闻事实的结尾，它依附于事实，不一定需要议论和抒发。文章采取了小结式结语，总结了南充发展在"少年阶段""青年阶段"和"壮年阶段"的核心任务。

本环节至少留40分钟给每位学生自由创作，包括完成新闻写作和插图排版，每个小组最后提交一份认为写得最好的完整新闻稿。剪辑好的视频由教师联系学校官网或微信公众号与新闻一并发表，也可分开自制大字报或组织视频展播。这是教师对学生学习成果的及时反馈。当学生看到自己的作品出现在具有广泛传播效力的媒体上，他们收获的不仅是养蚕种桑的知识、拍照摄影的技术，还有满满的成就感和自豪感！

第三课时

数码摄像机真是太神奇啦！小小的盒子竟然把我们的样貌和声音都装进去，小小的人儿在屏幕里鹦鹉学舌地重复着我们刚才的神情和动作。难道小盒子里有和我们一样的小伙伴？如果不是这样，真相是怎样的呢？摄像机里到底藏着什么秘密？

神奇的照相机(40分钟)

1839 年，随着西方列强打开中国的大门，摄影术就传进了中国。面对这从未见过的西洋玩意儿，晚清百姓敬而远之，将它视作妖术巫术，以为它会摄人魂魄。一旦要求照相，人们便会面如死灰，瑟瑟发抖，因此闹出了不少笑话。照相机真的有传说中那么恐怖吗？现在的我们当然知道这是谣言，那人又是如何"进入"照相机的？下面就让我们走进今天的课堂，设计制作一部神奇的照相机。

知识加油站

凸透镜是根据光的折射原理制成的，中央较厚，边缘较薄，分为双凸、平凸和凹凸等形式。凸透镜有会聚光线的作用故又被称为会聚透镜，较厚的凸透镜则有望远、会聚等作用。远视眼镜就是凸透镜。

凹透镜的镜片中间薄，边缘厚，呈凹形，分为双凹、平凹、凸凹等形式，对光有发散作用，近视眼镜就是凹透镜。

实验目的

设计制作一部简易的照相机。

实验原理

小孔成像原理：照相机的镜头是凸透镜，来自物体的光经过凸透镜后，在胶卷上形成一个缩小倒立的实像。

实验材料

三张硬纸板、凸透镜、半透明纸或毛玻璃、刻度尺、铅笔、美工刀、剪刀、双面胶。

操作步骤

1. 测焦距（f）：

已知平行于主光轴的光线通过凸透镜后会折射成为过焦点的光线。

将凸透镜正对着太阳光，另外一侧放置一张白纸，来回移动，观察光斑的变化，调整凸透镜的距离，直到纸上出现的光斑变得最小、最亮。测量光斑到凸透镜的距离，即凸透镜的焦距。（本处可以对凸透镜知识进行适当拓展）

2. 做照相机箱：

请同学们自己测量所选凸透镜的直径，根据凸透镜成像规律，考虑照相距离，设计照相机箱。要求美观大方，边距合适，且有拉伸镜头，能够根据物体的远近调节毛玻璃上物像的清晰度。

以下作为参考，课上由学生自由发挥：

第一张硬纸板：①将一张硬纸板剪成长20厘米，宽18厘米的长方形，在距离各边5厘米处画一平行线，形成"井"字，按压"井"字使它容易折叠；②在"井"字的中间挖空一个小长方形，比毛玻璃（或半透明纸）略小，将毛玻璃超出的部分用双面胶粘在小长方形边缘；③将"井"字各边交叉处裁开，折成盒子粘好。

第二张硬纸板：①纸张裁成与第一张一样大小，但"井"字各边比第一张小1毫米，以便折好后能够套入前盒；②在"井"字挖出一个圆形，半径比凸透镜稍大；③同样方式裁剪成盒。

第三张硬纸板：①剪下宽为5厘米的纸条，下部留一定距离剪成齿轮状；②纸条卷成筒状放入第二个纸盒，用胶水粘住齿轮；③用另外一个纸条卷出一个刚好能卷住凸透镜的纸筒，将凸透镜固定在纸筒圆面。

3. 将第二个纸筒塞进第一个纸筒内，形成可以拉伸的镜筒，与第二个纸盒粘为一体。再把两个矩形盒对接粘在一起，简易照相机就做好了。拖拉镜筒就可以看到远近不同的物体在毛玻璃上清晰地显现。

动手动脑

请同学们进行实验，完成活动记录手册——神奇的照相机。

课后思考

1. 照相机成的相是倒立还是正立的？有没有办法让它正立起来？

2. 小明同学拍完近处的花草之后，立刻去拍远处的山丘，咔嚓一声，发现拍下的山丘十分模糊。这是为什么？应该怎样解决？

制作一部照相机是不是非常简单呢？同学们都学会了吗？

一台来自 1877 年的录音机 (40 分钟)

最早的录音机叫留声机，诞生于 1877 年，是由发明大王爱迪生制造的。他观察到当人们说话时，电话传话器里的膜板会随着声音引起震动，便拿短针做了实验。结果显示，说话的快慢高低能使短针产生相应的不同震动。爱迪生想，反过来，这种震动也一定能发出原来说话的声音。于是，便有了世界上第一台录音机。

教师课前给学生讲爱迪生发明录音机的故事，不仅要鼓励学生处处留心、仔细观察身边的事物，更重要的是提出制作录音机的原理。此时，教师展示发条音乐盒，学生认真观察它的内部构造就能发现，每当发条带动中间的小滚筒转动时，旁边的拨片就会被圆筒上的凸起所拨动。由于凸起的位置不同，被拨动的拨片也不同，所演奏的曲调也就不同。音乐盒已经有固定的凸起，处于"放音"状态，最初的凸起是怎样形成的呢？如果我们想要录音，要怎样打造属于自己的凸起呢？

　　首先你需要的材料有金属箔、带螺纹的塑料筒、笔芯、蜡、刻度尺、泡面纸杯、手摇杆（杆处带螺纹）、两边有孔的支架等。接下来要做的有：①将金属箔包裹在塑料筒上；②将塑料筒固定在手摇杆上；③将手摇杆穿过支架；④在泡面纸杯上戳一个小洞容纳笔芯，并滴上蜡固定；⑤计算泡面纸杯上的笔尖刚好可以触碰到塑料筒的距离，在该距离处用一可活动的摆杆将纸杯撑起作为传话筒。

　　一台简易的录音装置就算是做好了。当我们把泡面纸杯放下，使笔尖刚好触碰到塑料筒上的金属箔，对着泡面筒里大声讲话并同时摇动手摇杆时，声音的振动带动笔尖不断在金属箔上留下刻痕，我们的声音就被录下来了。录音结束后，将塑料筒调到录音的初始位置，再将笔尖放下，不断转动手摇杆。神奇的一幕出现了！刚才我们说的话真的被一字一句地记录下来。不过我们会发现，录音的效果并不好，音质音色都有很大的改变。毕竟，这是最原始的录音机。

　　有没有同学能够用我们所学过物理中的感应电流相关知识来改进它甚至重塑它呢？这个问题就留给同学们自己课后思考并操作。

教师手册

材料清单

第一课时：

索尼 a6000 数码摄像机或其他品牌数码摄像机若干（可以摄录一体，也可分开）、记录用纸笔、卷尺

第二课时：

多款修图软件（Photoshop、光影魔术手、Lightroom 等）、多款视频剪辑软件（会声会影、爱剪辑、Adobe Primiere 等）

第三课时：

硬纸板若干、凸透镜、半透明纸、毛玻璃、铅笔、美工刀、剪刀、双面胶、光具座、蜡烛、光屏、灯泡、金属箔、带螺纹的塑料筒、笔芯、蜡、泡面纸杯、手摇杆（杆处带螺纹）、两边有孔的支架、刻度尺、摆动杆、工业胶

活动名称：＿＿＿＿＿＿＿＿＿　　活动时间：＿＿＿＿＿　　组别：＿＿＿＿

活动记录手册——桑树遗传育种及品种资源研究室

小组分工

1. 我们知道了数码摄像机各个按键（外部）对应的功能：

2. 我们想拍照记录的内容有：

3. 拍照心得（关于构图、远近、虚实、光线，怎样拍照才好看呢？）：

4. 我们了解到，该研究室的研究成果有：

5. 桑树有哪些品种？南充本地栽培的是什么品种？

6. 桑树浑身都是宝，它的各个部位有什么利用价值呢？

7. 我们向科研人员提出了其他问题并得到了他们的解答：

活动名称：＿＿＿＿＿＿＿＿　　活动时间：＿＿＿＿＿　　组别：＿＿＿＿

活动记录手册——蚕病蚕药研究室

小组分工

1. 我们知道了数码摄像机各个按键（外部）对应的功能：

2. 我们用摄影机记录的内容有：

3. 拍照心得（关于构图、远近、虚实、光线，怎样拍照才好看呢？）：

4. 该研究室的研究成果有哪些？

5. 该研究室的研究技术手段有哪些？

6. 我们知道了家蚕生病的原因与预防方法：

7. 僵蚕是怎么来的？有哪些药用价值？

8. 我们向科研人员提出了其他问题并得到了他们的解答：

活动名称：_____ 活动时间：_____ 组别：_____

活动记录手册——家蚕遗传育种与生物技术研究室

小组分工

1. 我们知道了数码摄像机各个按键（外部）对应的功能：

2. 我们用摄影机记录的内容有：

3. 拍照心得（关于构图、远近、虚实、光线，怎样拍照才好看呢？）：

4. 我们了解到，该研究室的主要研究范围：

5. 家蚕有哪些品种？南充本地养殖的是什么品种？

6. 家蚕的饲养方法：

7. 我们向科研人员提出了其他问题并得到了他们的解答：

活动名称：＿＿＿＿＿＿＿＿＿　　活动时间：＿＿＿＿＿　　组别：＿＿＿＿

活动记录手册——蚕桑机械与设施研究室

小组分工

1. 我们知道了数码摄像机各个按键（外部）对应的功能：

2. 我们用摄影机记录的内容有：

3. 拍照心得（关于构图、远近、虚实、光线，怎样拍照才好看呢？）：

4. 我们了解到，该研究室的主要研究范围：

5. 该研究室自主研发的智能机械化设备有哪些？

6. 选择一个你最感兴趣的设备给我们介绍吧！

7. 现代化的智能设备给蚕桑产业带来了哪些变化？

8. 我们向科研人员提出了其他问题并得到了他们的解答：

活动名称：＿＿＿＿＿＿＿＿＿　　活动时间：＿＿＿＿＿＿　　组别：＿＿＿＿＿

活动记录手册——焦点访谈

1. 探究录像机录像的最佳距离

	距离（米）	人物清晰度	收音效果	整体效果
第一次				
第二次				
第三次				
第四次				
……				

我们发现在距离人物＿＿＿＿＿米时，录像机拍到的人物最清新；在距离人物＿＿＿＿＿米时，录像机的收音效果最好；因此，我们设定录像机与人的距离为＿＿＿＿＿米。

2. 访谈实录

对象：＿＿＿＿＿＿＿＿＿　　工作地点：＿＿＿＿＿＿＿＿＿

从事职业：＿＿＿＿＿＿＿　　性格特征：＿＿＿＿＿＿＿＿＿

访谈内容：＿＿＿＿＿＿＿＿＿＿＿＿＿＿＿＿＿＿＿＿＿＿＿＿＿

＿＿＿＿＿＿＿＿＿＿＿＿＿＿＿＿＿＿＿＿＿＿＿＿＿＿＿＿＿＿

＿＿＿＿＿＿＿＿＿＿＿＿＿＿＿＿＿＿＿＿＿＿＿＿＿＿＿＿＿＿

3. 视频剪辑

（1）我们选用的软件是：＿＿＿＿＿＿＿＿＿＿＿＿＿＿＿＿＿＿＿

＿＿＿＿＿＿＿＿＿＿＿＿＿＿＿＿＿＿＿＿＿＿＿＿＿＿＿＿＿＿

（2）我们想要的视频效果及进行的操作：＿＿＿＿＿＿＿＿＿＿＿＿

＿＿＿＿＿＿＿＿＿＿＿＿＿＿＿＿＿＿＿＿＿＿＿＿＿＿＿＿＿＿

活动名称：＿＿＿＿＿＿＿＿＿＿　　活动时间：＿＿＿＿＿＿　　组别：＿＿＿＿＿

活动记录手册——神奇的照相机

凸透镜的成像规律

物距(u)	像的倒正	像的大小	像的虚实	像的位置	像距(v)	应用
$u>2f$						照相机、摄像机
$u=2f$						测焦距
$f<u<2f$						幻灯机、投影仪
$u<f$						放大镜
$u=f$						强光聚集手电筒

请分别画出照相机、幻灯机、放大镜

探索"睡美人"千年不腐之谜

南有马王堆"东方睡美人"辛追夫人，北有老海州"古墓丽影"美女凌惠平，这是考古学上的奇迹，也是人类历史文化中的瑰宝。但考古的作用绝不只在于发掘与发现，更重要的是追溯历史对现代社会的指导意义。古有黍酒消毒、香料加身，演变至今人们逐渐明白酒精的作用和防腐剂的使用，另外高温杀菌、冰箱冷藏等方法也被用于日常。防腐的秘诀在于抑制微生物的生长，但最难模拟的是时间，睡美人为何能够千年不腐？本次课将从家蚕生活史标本的制作中获取灵感，从自身条件和环境等多方面因素对不腐古尸进行分析，设计延缓腐败的相关实验，探寻关于防腐、微生物生长的秘密，让学生在探索的过程中对科学实验的设计、实践、科学性和严谨性有较深的体会。

课程背景

桑蚕又称"家蚕"，是一种以桑叶为食，能够吐丝结茧的经济昆虫。作为一种变态发育的昆虫，家蚕是从小小的、椭圆状的受精卵孵化而来，探出脑袋的蚕宝宝在两三个小时之后就可以进食桑叶。经历四次蜕皮，白白胖胖的蚕宝宝就成熟了，开始不吃不喝，吐丝结茧。一段时间之后，它们会羽化成蛾、破茧而出。在这样一段漫长又惊喜的成长旅程中，家蚕要经历卵、幼虫、蛹、成虫（蛾）4个形态结构和生活习性差异很大的发育阶段。但大部分学生没有亲自饲养过家蚕，对整个过程不甚了解，对这种可爱的小生物充满了好奇和期待。为了满足人们的求知欲，配合学校进行生物基础知识的教学，更重要的是为了进行桑蚕进化及优良品种选育等科学研究，家蚕生活史标本应运而生。它能够生动地展现蚕的一生，可用于家蚕形态结构、品种特点的研究，具有制作简便、保存长久、色泽新鲜、不易变形的优点。

除了家蚕生活史标本,在科学研究的进程中,还会用到许多其他种类的标本,它们是用动物、植物、矿物等实物经过如物理风干、真空、化学防腐等处理制成的。这些方法在很远古的时代就被人们所利用,最典型的就是尸身保存。

千百年来,长生不老一直是许多皇亲贵胄费劲毕生精力追求的目标,失败以后他们便将目光放到了死后,希望自己的肉身能够不腐不朽,万古长存。因此,古人在防腐这片领域做得极为精致,或在棺椁四周填塞木炭、沙石,或在棺内放置花椒、香料,或以纺织品包裹尸体,或沐浴消毒、脱水风干、冰封掩埋……千奇百怪,层出不穷。神秘而古老的方式多多少少起到了作用,使许多珍贵史料得以保存,我们才能有幸窥见几千年前的人类文明和社会繁荣。"东方睡美人"马王堆汉墓古尸,经汞处理,以黍酒消毒浸泡,为医学提供了无双范本;冰人奥兹在极寒的环境下依然毛孔清晰,眼球保存完好,被认为是最古老的谋杀案受害者;小河公主头顶毡帽,微闭双眼,为消失的楼兰古国增添了几分神秘。

科学家从这些不腐的肉身和文物上搜集信息、获取经验,不断总结和改进,将它们应用于食物保鲜和物品防腐等生活实践中。

领域:生物、绘画、历史、教学

第一课时

标本可以用于科普教育、欣赏、收藏、研究,既能够把濒临灭绝的动植物遗体保存下来,也是课堂教学的生动教具。许多学生只在电视和书本上见过家蚕,对"变态发育"概念的认识停留在浅表。因此,让学生动手制作家蚕生活史的浸渍标本,既能够让学生观察家蚕各阶段的形态结构和生活习性,又能够引发学生对生物的多样性、结构与功能观、生命价值等生物核心素养的思考。

可爱的蚕宝宝 (20 分钟)

"春蚕到死丝方尽，蜡炬成灰泪始干"，我们常常听到有人用这样的句子形容无私的奉献者。但是有多少学生真正地接触过蚕宝宝，饲养过家蚕呢？教师可以请他们分享养蚕经历，重点突出"你看到的蚕宝宝是什么样子的""它们吃什么""要养多长时间""家蚕吐丝结茧后就死亡了吗"等系列问题。

听完个别同学的分享，其他同学一定十分惊喜和好奇。教师适时将各个阶段的家蚕分发给学生观察，让学生根据形态和习性对家蚕的发育阶段进行归类，即卵、幼虫、蛹、成虫 (蛾)。在观察的过程中学生会发现，有一部分蚕整体偏小，但又个头不一，有大有小，这会影响学生对发育阶段的归类。教师应鼓励学生寻找证据，自己判断。之后学生讨论归纳出家蚕发育各阶段的顺序、形态结构和生活习性上的不同，并完善记录手册。学生的描述往往不够全面，教师可播放视频《家蚕的一生》进行补充，学生再讨论、修改观察内容。观察完可爱的蚕宝宝之后，教师将蚕卵分发给同学们，每小组 100～200 粒。在班级建立养蚕基地，由学生课后小组内轮流饲养观察，拍照记录，自制家蚕科普简报，直至吐丝结茧 (饲养观察是为后期开棉拉网、缫丝剥茧做准备，结茧后要尽快利用或及时烘干蛹体杀死蚕蛹，防止羽化和茧层蒸热霉烂；也可不组织饲养家蚕，后期统一购买蚕茧)。

家蚕生活史浸渍标本的制作 (40 分钟)

1. 归纳工艺流程及所需材料工具

参考文献《浅谈桑蚕生活史标本的制作及体会》，学生小组内合作，归纳出四个阶段的工艺流程及操作中用到的材料工具，以小组为单位动手配制不同浓度 (一般为质量分数) 的所需溶液。

2. 制作家蚕生活史的浸渍标本

(1) 蚕卵浸渍标本

用描画笔取数十粒散卵排列在玻片上，用白明胶粘住，待明胶晾至 8～9 成干时，插入盛有3%甲醛浸渍液的标本瓶中即可。

（2）幼虫浸渍标本

幼虫经4天就眠脱皮，幼虫期为25天左右，具体为一龄期4～5天，二龄期3～4天，三龄期4天，四龄期6天，五龄期7～9天。

1）教师提前对家蚕各阶段的幼虫进行饥饿处理，使蚕体消化管中的残桑排出，以尾部残留1～2粒粪为宜。

2）教师指导并辅助学生将饥饿的蚕用95℃开水浸烫（温度不可过低），待蚕死亡后迅速用冷水漂洗，同时在水中轻轻挤出蚕体尾部的残粪，待蚕体冷却后捞出，放于吸水纸上，吸干表面水分。

3）整形、定形：1、2龄蚕体较小，吸干表面水分后放于二重皿中（背朝上），用镊子或针拨蚕的头部和体躯，使其成自然样，然后在二重皿中慢慢加入10%甲醛固定液至浸没蚕体，浸泡1～2天后，蚕体就会定形。3、4龄蚕杀生后蚕体会失去自然状态，需经一定的处理，使之恢复。可用注射器（针筒）将固定液或2%甲醛溶液自蚕体肛门慢慢注射到蚕体内，使它饱满起来。注射量以蚕体大小而定，以使体形恢复到生活形态为度。在注射时，还要随时注意纠正体态，以免变形。注射好后，放于大二重皿或玻璃缸中，注入10%甲醛定形，两天即可。

4）装瓶：将已定形的蚕放于玻片的中上部（蚁蚕20～30条，1～3龄蚕3～10条，4～5龄蚕1～2条），然后用吸水纸吸干甲醛固定液，用描画笔蘸取5%白明胶水均匀地涂在蚕体与玻片交界处，待明胶晾干后插入盛浸渍液的标本瓶中即可。

（3）蛹浸渍标本

教师将准备好的逐天采取的数粒蚕茧蛹分发给学生。制作时将选好的活蛹直接投入10%甲醛液中，定形1～2天即可装瓶，将已定形的蛹用5%白明胶水黏附在玻片上，晾干，插入盛浸清液的标本瓶即可。

（4）成虫干制标本

通常将蚕蛾制成干燥标本，能更好地保持它的本来面目。先将蚕蛾麻醉后，再在展翅板上进行展翅，然后放入烘箱中在60～70℃温度下，待其充分干燥硬化后取出，将已定形的蚕蛾用5%白明胶小心地粘在玻片上，晾干后放入空的标本瓶即成（瓶底放少许干燥剂）。

3. 整理、保存

将上述制作好的浸渍标本在课后每隔1～2天更换一次浸渍液，待2～3星期后用石蜡封好瓶口，然后将所有标本按蚕的发育顺序排列好，贴上标签，即成一套瓶装的生活史标本。

4. 思考回答

1) 为什么对幼虫进行浸烫时温度要达到95℃，可以更高或更低吗？

2) 2%、10% 甲醛溶液的作用有什么不同？

标本制作完成后，请同学们谈谈本节课的收获和感想，并在课后查阅资料思考：不同浓度的甲醛在生活中的应用；你还知道哪些防腐方法？要探究某一防腐方法的可行性应该怎样去设计实验？

本节课学生要面对将鲜活生命做成标本的过程，教师一定要做好心理建设工作。要强调标本制作的意义，要注意价值观的引导，也要关注活动过程中的安全问题，不能完全由学生自己操作，避免烫伤。教师在课前应准备好充足的卵、幼虫、蛹和成虫材料。

在实际课堂上要根据学生的反应把握展开程度，若不制作标本可以安排学生将观察到的家蚕或了解到的其他变态发育的动物，如青蛙、蝗虫的变态发育过程画下来或进行拍照记录，用以区别完全变态发育和不完全变态发育，补充作为自己的学习资料卡。

第二课时

现代社会科学技术日益发达，封建迷信逐渐被破除，人们对生死不再讳莫如深。近现代以来，各地相继发现各个时期的不腐古尸标本。他们虽然状态各异但都保存完好，有些肌肉丰满富有弹性，有些全身柔软血管还能鼓起……这些古尸历经千年，深埋在与世隔绝的地下。千百年后，当人们再度打开他们的棺椁，奇迹一般，不腐的身体仿佛能说话，告诉我们许多关于人鬼蛇神的奇妙传说。

时间停止的奥秘（60分钟）

最古老的谋杀案受害者？

大雪覆盖的阿尔卑斯山庄严肃穆，白茫茫的大地上一个人赤裸、扭曲、脸朝下地躺在冰雪中。这并不是意外死亡的现代登山者，而是一具有着悠久历史的木乃伊，他在一个冰冷的史前世界孤独地死去。根据他被发现的地点，人们称他为"奥兹"。

奥兹的身旁放置着一把铜制的斧头、匕首、一张未完成的弓和装有14支箭的箭袋以及一些未知的物件，还携带含兴奋剂成分的药品。这把铜制斧头引起了科学家的注意，根据以往的史料记载，人类在4000年前才掌握这样的熔炉及成型技术。当对奥兹的头发进行检测分析后，科学家发现他从事过冶铜工作，这使考古学家不得不重新考虑青铜时期的问题。科学家从血液样本色素得知奥兹的伤口曾流血达18小时，在对他经过一种被称作层面X线照相术的技术测试后，发现他的左肩下有一枚箭头，骨骼上留有箭头射入的痕迹。由此，科学家推断，奥兹是被人从背后射箭袭击，流血过多死亡的。但仍有许多疑惑未被解开，为何奥兹胃里会有多种让人难以下咽的苔藓？他又为何要携带一张未完成的弓？传说研究冰人的科学家相继死亡，难道真有邪乎的"奥兹诅咒"？

微笑沉睡的小河公主

1934年，瑞典人贝格曼在新疆塔里木盆地罗布泊的一条小河边发现了一个"有一千口棺材"的古墓葬，"微笑公主"在这个墓葬中惊世一现，之后又沉入沙漠，再无人找到。直到2003年，一个无风的早上，炙热的太阳升起，地面被烤得滚烫，考古学家才在这片寸草不生的土地上重新见到这位美丽的女子。她的身体蒙着一层薄薄的细沙，头戴毡帽，双眼微闭，长长的睫毛自然上翘，漂亮的鹰钩鼻，迷人的嘴角挂着一抹永恒的微笑。小河公主年纪轻轻就香消玉殒，脸上怎么会有这样的微笑呢？经过考古人员进一步研究，原来小河公主死于难产。当分娩的痛苦耗尽这位美丽母亲最后一丝精力时，她的孩子降生了，新生的喜悦使她本能地绽放出了笑容。这是一个伟大而令人动容的时刻，而沙漠将这一刻定格成了永恒。

古墓丽影凌惠平

2002 年 7 月 7 日，江苏连云港市郊区的某处工地上出现一座古墓，内有一汉代湿型古尸，名曰"凌惠平"。关于凌惠平有四大谜团尚未解开：一是身份之谜，根据出土的印章和木楬，可以判断出凌家地位至少在太守以上，但龟钮青铜印只有年俸禄在 300~2000 石的官吏才能使用，作为女性的凌惠平是否也被封了侯？二是驻颜之谜，凌惠平的棺木非常简陋，椁板上只有一层白膏泥，并无木炭，且同一个墓葬中的其他三口棺木的主人仅存零星遗骨。三是棺液之谜，专家对棺液样本进行分析，发现其 pH 值为 7.55，呈弱碱性，棺液中还含有血红蛋白，与 pH 值为 5.18 的马王堆棺木里的酸性棺液截然不同。四是葬制之谜，根据出土文物来看，凌惠平身份地位不低，但随葬物品只有 80 多件，与辛追夫人的 3000 余件陪葬品相差甚远。

真假香妃

相传乾隆帝有一位异域妃子，容貌秀美，遍体生香，能够吸引蝴蝶，但"既不是花香也不是粉香，别有一种奇芳异馥，沁人心脾"。2001 年 3 月，安徽省砀山县梨园小区的建筑工地出土了一口红漆大棺材。棺材一打开，一股奇异的香味迎面扑来，里面躺着一位身着麒麟补子清代一品官服的女尸。她的肌肤白皙，富有弹性，四肢关节都能活动，嘴唇上的胭脂、指甲上的蔻丹都保持着鲜艳的颜色。她会不会就是传说中的香妃呢？她身上的香味又是从何而来？经过专家辨认，女尸的服装与皇室无关，自然不是乾隆帝的香妃。而她身上的香味是来自身下铺垫的大量中药材，这些药材不仅防腐杀菌，而且会释放出极具芳香的气息。

走近科学——玄妙丹药

教师组织学生观看 CCTV 频道《走近科学》2011 年第 93 期《玄妙丹药》。课前教师整理视频线索，指出一些需要学生重点关注的内容。比如辛追夫人和凌惠平棺木中的哪些物质可能起到防腐的作用？根据古人的生活习惯，猜想汞是从何而来？延缓腐坏的实验中提出了什么样的假设，又是如何进行操作的？……20分钟的视频结束之后，学生总结尸身不腐的主观原因和客观原因。如从医学生物学上分析死亡原因，是否为感染性疾病，分析死亡、下葬时的气候、天气因素等，得出防腐的必要条件。

本节课所列举的几具著名的不腐尸身短则数百年，长则数千年，无论是从外界的地理位置、下葬条件、墓葬规格，还是从墓主人的死亡原因上分析，都各不相同。如果我们想要了解尸身不腐的根本原因，就要在他们当中寻找共性。前几则文字材料是给学生的适当提示，让学生能够从不同的不腐尸身发现的环境和陪葬物件上概括出一些防腐条件，视频则是启发学生思维、要大胆猜测、严谨操作。教师可对文字材料和视频资料做适当修改和剪辑，隐藏一些问题的答案进行考古学知识的拓展，如古代的埋葬制度，棺椁材料、样式的区别，历代官员的朝服补子配饰等。并且教师给出的资料还远远不够，如文字材料中提到的问题，关于奥兹死亡原因的猜想、关于凌惠平的四大谜团、关于清朝皇室服饰的样式花纹等，学生都可以利用互联网查阅相关视频、图片和论坛等寻找证据，做出其他大胆合理的猜想，交流讨论。

有哪些方法可以延缓食物腐败呢？（20分钟）

人类在自然历史的长河里扮演着弥足轻重的角色，人类的智慧也因为有了历史的加成而熠熠生辉。既然古人能够结合天时地利人和对尸身进行防腐，我们是不是也能够学习经验来延缓食物的腐败呢？注意这里提出的问题是"延缓腐败"而不是"防止腐败"。因为就目前的防腐技术来看，许多防腐剂和防腐方法纵然有防腐的作用，也只是延缓腐败，随着时间的推移，食品还是会出现不同的变质现象。究竟有哪些可行的方法呢？这就得从食物腐败的根本原因说起，细菌和真菌等微生物在食物中生长繁殖，分解食物中的营养素使其变质。想要延缓腐败就要设法减弱或消除引起食物腐败的各种因素，最有效的就是减少微生物污染和抑制微生物繁殖。就前面所学的知识，学生能够想到的方法会有很多。比如，冰冻、干燥、高温、添加防腐剂等。

实践是检验真理的唯一标准。本环节让学生就提出的问题以其中一种方法进行实验设计，列出实验目的、实验原理、实验材料和实验步骤等。学生讨论交流的过程中会遇到许多问题。比如，关于实验材料的选择，要考虑哪些无关变量，要选用哪种食物作为实验对象（可供选择的有柑橘、面包、肉汤等，不宜过多，由学生自己判断）？高温到底要多少度？为什么同一种食物煮熟后有时腐烂加快，有时减慢？会不会和我们的操作有关？对于这些问题，需要学生根据自己的经验思考并查阅资料解决。

一份严谨的实验设计需要集思广益。在课堂的最后5分钟，请一些同学分享他们的实验方案，大家讨论是否可行并提出修改建议，各自完善。设计好实验方案后，学生有一个月时间进行操作和拍照记录，完成一份观察报告。内容不限，但要注重对腐败情况的描述；记录的方式要具有个人特色，可手写、手绘等。间隔天数自己决定，操作过程中若发现问题应与同学和老师及时探讨。

第三课时

在日常生活中，我们一定有这样的经验：刚摘下的水果蔬菜没几天就长霉了烂掉，但从超市买来的却能保持一段时间；新鲜牛奶隔夜就会发馊，盒装牛奶却能存放6个月；新鲜肉类不久就会变质腐烂，塞进冰箱能多放几天，做成咸咸香香的腊肉可以保存一年甚至更久。妈妈们的经验总是更胜一筹，泡菜一定要多加盐，并时不时给密封的坛沿上加水；吃不完的肉汤放在锅里烧开，盖上锅盖静置，第二天果然没有异味；刚挖的完好的红薯土豆最好储存在地窖里。经过一个月的实验，我们也能发现"防腐"的秘密。

一个月后……（40分钟）

经过一个月细致地操作和记录，同学们一定观察到了许多不可思议的现象，大家的方法是不是都有效地延缓了食物腐烂呢？这需要用事实说话。学生把对照组以及实验记录和结果（鉴于它难闻的气味和难看的样子，建议同学用密封袋封装）带回教室，根据对比得出真实结论。于是，有些同学会发现冰冻条件下食物更容易腐烂，有些则认为冰冻可以防腐；有些同学认为真空包装更容易使食物发霉，有些结论则相反；有些同学得出了食物在高温条件下更容易腐坏的结论，有些则认为低温更容易滋生细菌。结论五花八门，但又听起来言之有理。

请同学们自己探讨，为什么大家的结论不一样？究竟孰对孰错？在一番激烈的讨论和刨根问底的追究下，学生很快就会发现问题的所在。比如冰箱的频繁开合导致空气中的细菌进入内部，加快腐烂；真空包装密封性不好，出现了漏气现象。既然每个人做出来的"防腐"效果都不相同，到底哪种方法最有效呢？学生对比考察后各有各的答案。此时教师可以提问给予提示，让学生关注单一变量、对照、重复性原则等问题。比如，判断食物腐烂的标准是什么？观察的时间设置为多少天？在实验过程中将食物取出，会不会影响实验结果？选取的标准不同，得到的结论自然不同。学生受到启发后可以自由选择比较对象，缩小前提，从某一角度进行分析，如使用同一种食材进行实验，采用冷冻方法的防腐效果比高温的效果好；都采用冷冻方法时，面包比柑橘更不容易坏。在这个过程中，教师还可以引导学生对影响防腐效果的外部因素和内部因素进行更加深入的探讨。

对于高年级的同学，描述就不能仅仅停留在"效果不好""容易坏"这种肉眼看到食物腐败严重的层面上，需要用具体的数字进行总结。如放在冰箱30天后，一个柑橘上的微生物数量达到了多少 cfu/cm^2（这里 cfu 指活菌数目）。请同学们参照《微生物的实验室培养》和《土壤中分解尿素的细菌的分离与计数》，思考如何选择稀释的倍数，如何配制培养基和进行涂布平板操作，写出实验和计算过程。

通过本次学习，学生对延缓食物腐败的方法有了更进一步的认识，对实验的科学性、严谨性、准确性有了更深刻的领悟。

教师手册

材料清单

第一课时：

视频《家蚕的一生》、文献《浅谈桑蚕生活史标本的制作及体会》、充足的卵（具有固有色的良卵）、幼虫（蚁蚕、一龄、二龄、三龄、四龄、五龄）、蛹、成虫、明胶、甲醛、蒸馏水、天平、药匙、量筒、滴管、烧杯、玻璃棒、酒精、描画笔、注射器、吸水纸、镊子、石蜡、展翅板、玻片、标本瓶、干燥剂、画具

第二课时：

平板电脑、视频《走近科学——玄妙丹药》

第三课时：

资料：人教版高中生物选修1《微生物的实验室培养》《土壤中分解尿素的细菌的分离与计数》

活动名称：_____ 活动时间：_____ 组别：_____

活动记录手册——可爱的蚕宝宝

时期		特征
卵		☆卵呈_____状
幼虫 （蚕）		☆具有_____节　　☆以_____为食 ☆有_____对足　　☆蜕皮 ☆身体柔软　　　　☆化蛹前会_____
蛹		☆体表_____　　　☆不吃不动 ☆身体呈_____状　☆羽化成_____， 　　　　　　　　　　破蛹而出
成虫 （蚕蛾）		☆有_____对翅　　☆不吃 ☆有_____对足　　☆几乎不能飞 ☆体表被覆_____　☆交尾后雄蛾_____， 　_____　　　　　雌蛾产卵后也会_____

活动名称：_____   活动时间：_____   组别：_____

活动记录手册——延缓食物腐败的方法

实验目的	
实验原理	
实验仪器 / 器材	
实验步骤	
实验结果 / 收获	

活动名称：＿＿＿＿＿＿＿＿＿＿　　活动时间：＿＿＿＿＿＿　　组别：＿＿＿＿＿

活动记录手册——测定腐败食物上的微生物数量

1.测定微生物数量的原理：

2.阅读资料，仿写测定腐败食物上的微生物数量的方法和步骤（提示：3种培养基：细菌—牛肉高蛋白胨琼脂培养基；真菌—马铃薯琼脂培养基；放线菌—淀粉铵琼脂培养基）：

3.计算公式：

丝绸之路万丈高楼平地起

南充自古以来被称为丝绸之乡，早在西汉时期，南充丝绸就成了皇室贡品，缫丝织布产业遍布城乡。早些年间，家家户户都有种桑养蚕的习惯，再以好价钱卖给茧站，经过抽丝剥茧、缫丝纺织、工厂加工，一匹匹精美的丝绸就制成了。家蚕从蚕卵到丝绸要经历什么样的工艺操作？对周边环境有怎样的要求？为满足这些需求，丝绸厂房的车间有什么样的特点？我们能不能也设计出好看实用的建筑呢？今天的课程不仅能回答这些问题，还能让学生增长见识，既有利于学生了解本土蚕桑产业，唤起他们对家乡的热爱之情，又有利于学生将所学知识融会贯通，应用于生活实际，培养他们的创新设计能力和动手操作能力。

课程背景

晚清四大谴责小说之一的《二十年目睹之怪现状》中第二十八回提到："他那铺子，除了门面专卖铜铁机件之外，后面还有厂房，用了多少工匠，自己制造各样机器。"这里的厂房与我们常见的居民楼在功能上有所区别，主要用于制造机器。沿用至今，厂房是指用机械制造生产资料或生活资料的建筑物。按其功能分类又可以分为机械加工制造、重工类、轻纺电子加工类、食品化工类、物流仓库类、静电厂房、防尘厂房、高配电厂房、科研厂房、特种厂房等。

不同功能、不同结构、不同特色的厂房，承担起了南充新时代发展的重担。源远流长嘉陵江，千年绸都南充城。在"一带一路"的历史进程中，最耀眼的当属丝绸，南充因其历史悠久的丝绸文化而享誉世界。曾经的南充，丝绸厂房鳞次栉比，百年企业丝二厂历久不衰，丝三厂和阆中丝绸厂也在这座古老的城市留下了历史的印记。厂房见证了丝绸的来源和发展，每簇厂房包括多个车间，从缫丝、织绸、炼染再到服装、家纺制品,每一步流程,每一道工艺,在岁月的洗礼中历久弥新。这些车间的外观形态设计精美,大小比例把控严格,内部设施一应俱全,所有的细节都为制造细腻柔软的丝绸服务。周边的树木,门口的雕塑,门外的小路,与厂房自成一体,兼具实用性与美感,如此宁静和谐!

如今,南充加快建成成渝第二城,集合了汽车汽配、油气化工、丝绸纺服装、现代物流、现代农业五大千亿产业,囊括了中石化南充炼油厂、汇源果汁、三环电子、富安娜家纺等上百家企业。嘉陵江大桥周边发展迅速,望江小区、复古楼盘越来越密集,建筑需求与日俱增。我们不仅仅要思考如何学习前人的风格和经验以满足企业目前的需要,也要创造属于我们时代的东西。只有用科学的眼光去观察,用精确的仪器去测量,用细致的心思去设计,才能建起一座座高楼大厦,才能为我们的新城市增添光彩!

领域: 工程学、教学、建筑学、手工

第一课时

南充市有上百家丝绸厂,最著名的当属丝二厂和丝三厂,它们经历百年风雨,诉说着昔日的辉煌。本节课教师将带领学生去丝绸厂房旧址实地考察,参观各种缫丝织布设备,了解各个车间的外部形态和内部设施及其对车间功能的影响,记录建筑物数据,尝试按照一定的比例尺画出各车间的三视图。给空间插上翅膀,让想象四处飞翔!

幺妹幺妹快快长,长大好进丝二厂(60分钟)

丝二厂位于南充市高坪区都京街道,曾经是亚洲最大的丝绸厂,缫制的蚕丝参加巴拿马万国博览会获得头奖,"金鹿牌"生丝获得国际博览会金质奖。据丝绸厂老工人回忆,在20世纪60年代丝二厂就拥有全国规模最大的缫丝车间,建筑面积达到了2000平方米,每天有2000余名女工上班。如今在这里,既能看见传统缫丝工艺,又能看见自动化设备,立体丰满的建筑集群,威武雄壮的

老式大门，彬彬有礼的银杏树，各式各样的机器仪器，"幺妹幺妹快快长，长大好进丝二厂"的标语。丝二厂成了南充历史的见证者，也是南充人关于丝绸最鲜活的记忆。就让我们一起走进南充丝二厂，去感受劳动人民的智慧与力量！

与研究所不同，丝二厂原本就是工厂。它的建筑特点、整体布局是与生产需要相适应的，大多数设备都不只以文件、照片、资料等形式展示，而是可以切实进行操作的。这里既做科学研究也开发了虚拟体验，并且至今仍有丝绸制品产出。本环节教师要带领学生前往南充丝二厂参观厂房车间和测量数据，需要的装备包括摄像机、无人机、卷尺、测角仪等。

前20分钟，由工厂负责人和专业教师带队参观各个生产车间，包括养蚕车间、烘蚕车间、选茧车间、煮茧车间、缫丝车间、纺织车间、染印车间等。在参观各个车间时，学生会观察到许多配套的结构和具体的设施，可以组队向工人叔叔和阿姨提出相应的问题。比如，养蚕车间安装着纱窗纱门，里面有架子、蔟筐、大小网、平台等，它们分别叫什么？是用来做什么的呢？为什么有些小蚕要上盖下垫塑料膜？为什么有的车间窗户面积较大，还设置了对流窗户？学生提问时可能无法准确表达许多专业名词，教师应根据学生的描述进行纠正和总结。在参观机器设备时，可以由工人师傅对应地科普养蚕工艺、缫丝技艺、织布方法以及浸染工艺等。对于这些从未见过的高新机器，学生好奇心较重，可能会动手动脚，教师要提前分好小组相互监督，或在负责人监督下开展统一体验环节。

剩下40分钟，每个小组选择1~2个自己感兴趣的车间进行资料采集。学生主要是拍摄车间各个方位的外部照片（如有多个房间牵连在一起，可以拍摄整体的）、内部机器设备的布局（想一想为什么这样摆放），测量建筑物的长宽高、门窗位置等数据，算出各车间的占地面积和体积。为了便于区分，学生应给照片和数据对应编号，明确每组数据具体是哪个车间的。问题来了，对于那些顶部不能到达的建筑，我们该如何测量它的高度呢？这就要靠学生动动自己聪明的小脑袋，利用已有的设备找到解决办法。

本环节获得的资料数据将趁热打铁地用于下一环节，一旦发现数据有问题还可以现场进行纠正。

丝二厂房高又高，我们也来描一描（60分钟）

　　看了这么多美观实用的车间，体验了这么多安全可靠的机器设备，本环节学生要粗略了解工程制图，根据上一环节拍摄记录下的车间照片和长宽高等数据，分组按比例尺绘制不同车间的三视图。可以选择在丝二厂的会议室、休息室、食堂等地进行，所需要的材料包括模型、工程图样图、合适的纸张（A1纸、A2纸、A3纸等）、铅笔、直尺等。学生从未接触过工程制图，难以看懂样图，教师一定要先介绍图中的线型、线宽、字体、比例、标注等基本制图信息。由于大部分初学者很难从二维平面想象出三维形体，教师可以展示配套的工业模型或沙盘模型，让学生通过样图想象模型，或通过模型想象样图，加强学生对图物对照的感性认识。有多少同学想要自己动手画一画呢？这事儿看起来容易做起来难。在没有绘画和工程学基础的条件下，学生根本无法完成工程图的绘制，但可以通过简易的比例尺作图来感受工程制图的严谨。

　　首先，教师分发工程制图和对应的沙盘模型，让学生观察并提示学生对三个面进行拆分，学生自己总结出三视图的投影规则。简单来说就是把形体放在三投影面体系中作正投影，遵循"主俯长对正、主左高平齐、俯左宽相等"的原则。此处教师可以邀请学生边讲边画简图。

　　其次，教师应以该模型为例，由三维转向二维。讲解基本的画法：一要对形体的各个部分进行拆分，观察它们是如何组合的；二要在图纸上确定主视图的位置；三要选择合适的比例，预测三个视图所站的面积，才能根据图幅确定要用图纸的大小；四要布图画基准线，逐个对视图进行绘画。在绘画时要先实后空，先大后小，先轮廓后细节。

　　再次，要明确作图的具体要求。作图对象并不是教参书中和试卷上形状规则、排列整齐的积木，而是造型各异、细节清晰的厂房车间。因此作图时要求精准描绘出车间的轮廓、屋脊、窗户、门的位置和大小、装饰等。

　　最后，每个学生根据本组拍摄的照片和测量的数据进行绘图。纸张的大小根据比例尺自己选择。画完主视图之后，同学们可以尝试先不看照片，自己在脑海中勾勒出侧视图的大致轮廓，再与照片对应检验自己想得是否正确。在画俯视图时，由于俯视照片是用无人机拍摄的，图片不一定高清，也需要学生发挥自己的空间想象力，数据则可以通过主视图和左视图进行推断。

当学生完成作图后，请大家小组内交换检查，看看别人选用的比例尺是否比自己的更合理，每一处细节是否绘画准确，视图的数据之间是否搭配，并相互交流作图经验。

本节课的最后，到了吃午饭的时间，不妨去丝二厂食堂走走看，叫一份传说中的碗碗饭，尝一尝口味独特的丝二厂米粉，端一碗热气腾腾的热凉粉。味道真不错，吃过的都说好！

第二课时

参观完丝绸厂房，同学们一定心潮澎湃跃跃欲试，巴不得马上就能自己动手制造一幢房子。为了满足中小学生对建筑学的好奇心和热情，提高学生的逻辑思维能力和设计能力，本节课将由学生自己动手，利用一些废弃材料和专业材料，打造他们心中的理想国。

从简单的开始吧！（30 分钟）

就从小朋友的七彩木屋动手吧！教师提前给学生准备好木屋模版，模型专用胶、颜料、塑料泡沫、泥土、花草树木小点缀等。木屋模版是已经切割好的硬纸板或木片，墙壁屋顶楼梯隔板一应俱全。同学们只要找到对应的板块，将它们按照主侧面用专用胶水粘好，用已有的塑料泡沫裁剪出自己想要的场景，比如泳池、门口的桌椅，给旁边裸露的土地加上栅栏和青草，再用颜料给每一部分涂上好看的颜色。一个个有趣、美好、充满色彩与味道的建筑模型就算拼好了。鲜花和青草送来的泥土的气息，仿佛整个教室都有花开的声音。

本环节所用到的主要建筑材料，可以由教师提前准备，也可以在网上购买 3D 立体简单建筑拼图。其他需要的配件，特别是一些能用得上的废旧材料，可以鼓动同学们从家里带。这时候学生往往能够想到很多的东西，在创作的过程中不妨物尽其用,尽兴地增加建筑物装饰,使一幢幢楼房更加立体生动、别具一格。

有的学生很快就完成了楼房的建设,教师可以另外准备一些与房建有关的小玩具。比如孔明锁,相传由三国时期的诸葛亮发明,精巧地利用了中国古代建筑中首创的卯榫结构,是中华人民智慧的结晶。或者通过平板电脑展示用BIM、Revit软件设计出来的建筑物以及包含设计过程的动画。

这将是一节别开生面的建筑课,也是一节活泼生动的手工课,请同学们尽情地发挥吧!

鲁班大师(150分钟)

相传在很久很久以前,有一位著名的发明家,叫作鲁班。有一次他进深山砍树,一不小心被长着锋利锯齿的野草划破了手指,于是他发明了锯子。由于从小跟随家人参与建造了许多土木建筑,多番实践他还发明了斧头、曲尺、墨斗、云梯……虽然事实上这些工具并不全是他发明创造的,但它们推动了中国古代建筑的发展,并且沿用至今。

本环节主要由学生动手完成,既可以衔接上一环节,也可以单独成课,要根据学生的年龄段作出安排。学生要利用教师提供的工具和材料进行设计,创作出满意的建筑作品。可以是山青水秀的田园别墅,鸡犬相闻的农家小院,美轮美奂的英伦城堡,古色古香的亭台楼阁,现代化的高楼大厦,或是苏州园林、拱桥、灯塔……

目标和任务

为响应习近平总书记提出的"道不可坐论,德不能空谈。于实处用力,从知行合一上下功夫,核心价值观才能内化为人们的精神追求,外化为人们的自觉行动"号召,普及建筑模型设计知识,提升青少年的科学素养,提高学生的创造能力和动手能力,特组织本次活动。

活动主题

鲁班大师——建筑模型创意设计

活动时间

自由安排

活动内容

1.变废为宝：学生以废弃的一次性筷子、易拉罐、吸管、纸箱、木块、塑料等废旧材料，制作系列建筑模型，可以是校园景观、室内家具、园林设计等。模型平面规格不小于 35cm×35cm。

2.心灵手巧：学生根据教师提前购买的全国模型竞赛专用器材，设计不同风格的建筑。如锦绣江南（含各类楼台亭轩及小品件）、绿野春天（含栅栏、草粉等多种布局用配件，自行设计水系及绿化环境）、中华庭院（含民居主体及各类建筑小品）、阳光海岸（含建筑主体、底板植物、人物小品）等。同一套产品，不同的设计；同一份材料，不同的拼法。

作品由学生单独或合作完成，变废为宝和心灵手巧两个项目同时进行，学生可自由选择用料和项目。设计过程可由教师指导。

设计要求

1.模型建造结构齐全，各组分比例协调。

2.建筑立体，各接口连接自然，不可生拉硬拽。

3.整体布局合理，色彩搭配恰当，符合审美。

4.创意新鲜，但要具有实际可塑性。

交流展示

展示成品，同学之间交换设计理念，交流活动收获和感想。

教师手册

资料拓展

养蚕车间：集蚕孵化、喂养、结茧、收茧为一体的场所。

烘茧车间：对鲜茧进行杀蛹并烘至适干的场所。

选茧车间：根据制丝工艺要求对原料茧进行选剔分类的场所。

煮茧车间：通过水煮蚕茧来溶解茧层的丝胶，从而分离纤维的场所。

缫丝车间：将蚕茧抽出蚕丝的场所。

纺织车间：将蚕丝进行纺织、加工成织品的场所。

染印车间：对生丝及织物进行精炼、染色、印花和整理的场所。

部分楼房及车间图片资料

选剥大楼
The Building for Cocoon-choosing and Cocoon-stripping

改建于1982年，混合结构，四层，面积800平方米。大楼内安装有全套最先进的快速电动联合选剥洗水线，该洗水线由本厂自行设计安装。

The four-storey building rebuilt in 1982 has composite structure and floorage of 800 square meters. In Sichuan province the most advanced and fast electric joint assembly line for cocoon-choosing and cocoon-stripping is installed in the building. The assembly line is designed and installed by our factory.

煮茧车间
The Cocoon Cooking Workshop

建于1980年，混合结构，建筑面积260平方米，曾经安装煮茧机6台，真空渗透机1台，因缫丝生产规模缩减，拆除4台。1970年—1975年，原公安部部长、国务院副总理、总参谋长罗瑞卿大将长子、原国防科工委后勤部副政委罗箭少将就在当时的煮茧都当送茧工，此图为1996年罗箭将军回厂时要求为缫丝工再当一次送茧工。

The workshop built in 1980 has composite structure and a total floorage of 260 square. There were six cocoon cooking machines and one vacuum infiltration machine in the workshop. The workshop was dismantled of four cocoon cooking machines for the reduction in the production scale of silk reeling. From 1970 to 1975 major general Luo Jian , former vice political commissar of the rear-service department of the Commission of Science , Technology and Industry for Nation Defence had worked as a worker of delivering cocoon. He is the eldest son of senior general Luo Ruiqing , former minister of the Ministry of Public Security , vice premier of State Council and the chief of the General Staff. This picture shows general Luo Jian required to deliver cocoon once again for the silk reeling workers when he returned to the factory in 1996.

后缫车间（复摇车间）
The Rereeling Workshop

扩建于1983年，是在老后缫车间、木工房和部分老立缫车间旧址上改扩建的，混合结构，建筑面积2940平方米，安装复摇机16台，整理设备20套，生丝检验设备12台。2001年，缫丝生产规模缩小，车间面积一半改为有梭织机机房，2015年车间有梭织机淘汰，2016年，该车间规划为"百年六合丝绸体验馆"。

Based on the original location of the old rereeling workshop , carpentry workshop and part of the old multi-end silk reeling workshop, the extension of the workshop began in 1983 , having composite structure and floorage of 2940 square meters. 16 rereeling machines, 20 sets of finishing equipment and 12 sets of raw silk test equipment were installed in it . Due to the reduction in the production scale of silk reeling , half of the workshop was changed to the shuttle loom work shop in 2001. The shuttle looms were eliminated in 2015 and the workshop was planed as " One hundred-year Liuhe Pavilion for Experiencing Silk Production ".

新茧库（检验大楼）
The New Cocoon Warehouse (The Inspection Building)

建于1983年，混合结构，三层，建筑面积2370平方米，以前一楼为织绸检验室，二三楼分别存放五金器件和蚕茧。目前，一楼为织绸车间，二三楼全部用于存放蚕茧。

The three-stores building built in 1983 has composite structure and floorage of 2370 square meters. The first floor was previously used as arts weaving inspection rooms and both of the second and third floors were respectively used to store hardware devices and silkworm cocoon . At this time the first floor is used as silk weaving workshops and both of the second and third floors are used to store silkworm cocoon.

推荐书目：《现代机械设计手册》《画法几何及机械制图典型题解300例》《中小学建筑模型制作学习自编教材》

材料清单

第一课时：

摄像机、无人机、卷尺、测角仪、工程图样图及其配套的沙盘模型或工业模型、图板、合适的纸张（A1纸、A2纸、A3纸等）、铅笔、铅笔刀、橡皮、直尺

第二课时：

木屋模板（可由教师制作或网购）、模型专用胶、颜料、塑料泡沫、泥土、花草树木小点缀（可采集也可网购）、废旧材料（一次性筷子、易拉罐、吸管、纸箱、木块、塑料等）、全国模型竞赛专用器材（锦绣江南、绿野春天、中华庭院、阳光海岸等）、基础工具（钢尺、锉刀、镊子、剪刀、美工刀、直尺、手工专用胶等）

活动名称：_____　　　活动时间：_____　　　组别：_____

活动记录手册——南充丝二厂（一）

1. 请按顺序写出丝二厂的生产车间

车间	功能	设备器具	用途

2. 快来写一写你们测量的数据

（1）比例尺概念。

（2）关于车间数据。

	与墙面左边的距离（米）	与墙面右边的距离（米）	长（米）	宽（米）	高（米）	面积（平方米）
车间						
车间三视图						
门框						
门框三视图						
窗户						
窗户三视图						

补充：窗户距离地面的高度为_____米，三视图中为_____米。（有多扇窗户时记得分开记录）

活动名称：＿＿＿＿＿＿＿＿　　活动时间：＿＿＿＿＿＿　　组别：＿＿＿＿＿

活动记录手册——南充丝二厂（二）

鲁班大师——建筑模型创意设计

作品名称：＿＿＿＿＿＿＿＿＿＿＿＿＿＿＿＿＿＿＿＿＿＿＿＿＿＿＿＿

作者：＿＿＿＿＿＿＿＿＿＿＿＿＿＿＿＿＿＿＿＿＿＿＿＿＿＿＿＿＿＿＿

材料用料：＿＿＿＿＿＿＿＿＿＿＿＿＿＿＿＿＿＿＿＿＿＿＿＿＿＿＿＿＿

作品简介：＿＿＿＿＿＿＿＿＿＿＿＿＿＿＿＿＿＿＿＿＿＿＿＿＿＿＿＿＿

创意设计：＿＿＿＿＿＿＿＿＿＿＿＿＿＿＿＿＿＿＿＿＿＿＿＿＿＿＿＿＿

天上取样人间织

　　"巴蜀人文胜地，秦汉丝锦名帮"，立足南充本土蚕桑特色文化，围绕蚕丝制品，开展 STEAM 课程，让学生深入领略丝绸文化魅力，增强对中国乡土的热爱之情。学生通过亲身体验蚕丝被的制作过程，从煮茧开棉到拉网成被，体会劳动人民为此付出的辛勤劳动，衡量蚕丝被的成本；通过观察颜色、成分鉴定等物理和化学手段，判断蚕丝被的真假；通过体验缫丝机感受古代劳动人民的智慧；通过对缫丝织布过程产生的废水进行处理和再利用，承担起守护绿水青山的时代重任。

课程背景

　　天上取样人间织，满城皆闻机杼声。千百年来，南充城里缫丝织布的声音从未停止，嫘祖养蚕的故事仿佛就发生在昨日，历史的车轮在丝绸之路上留下深深的印记。早在新石器时代，黄河流域已经出现丝绸的曙光。人类在食用蚕蛹的过程中逐渐发现了蚕丝的使用价值和艺术价值，经过反复实践，将它们运用到衣服饰物中，并进献给皇亲国戚和达官显贵。随着朝代的更迭和文化的交流，绫罗绸缎通过"丝绸之路"向外运输，同时吸纳外来技术、纹样优点，带动丝绸业创新品种风格，更新手工技艺，代代相传。直到今天，蚕丝被依然因其冬暖夏凉，轻软的质量，良好的柔韧性和透气性，预防螨虫和防止细菌滋生的功能而备受人们喜爱。

　　蚕完成了吐丝成茧、幻化成蛾的美好圆满的生命轮回，赋予丝绸雅致、高贵的人文色彩。但在制作蚕丝被缫丝剥茧、开棉拉网的过程中，除了获得生丝，还会产生大量的废水、废气、废渣。废水中富含氮、磷等物质，直接排放会使河道在短时间内迅速富营养化，导致河道变黑变臭，造成严重污染。日益严峻的环境形势引发人们对人与自然和谐共处的积极思考。

领域：手工、数学、化学、生物、物理

第一课时

在中国的许多地方，蚕丝被一直是新娘陪嫁必不可少的装备，寓意着新人缠缠绵绵两厢厮守一辈子。但是市场上的蚕丝被价格参差不齐，品质真假难辨。如何才能练就一双慧眼，在琳琅满目的商品中买到真正的蚕丝呢？一看价格，二看品质，个中差价在开棉拉网的制作中就能够略窥一二，真丝轻薄、柔软、透气有光泽是亘古不变的真理。

开棉拉网成被褥

作为丝绸文化旅游名城，南充既有以丝绸命名的丝绸路、丝绸宾馆，又有专门的丝绸旗舰店。老一辈提起丝二丝三厂，总是眯着眼睛一脸骄傲。丝绸为南充这座古老的城市带来了生机与活力。要深入了解丝绸的品质和价格，需要实地走访调查。教师提前布置调查任务，让学生从编号、价格、外观、触感、拉伸弹性等方面在自家周边了解南充的丝绸制品，并在网上查阅鉴定蚕丝成分的方法。学生展示收集的表格，发现蚕丝制品售价普遍较高。为什么蚕丝被的价格会这么高呢？蚕丝被是如何制造的？本环节就让学生自己体验开棉拉网的过程，了解蚕丝被的人工成本。

任务一：熟悉开棉拉网工艺流程（25分钟）

教师将学生分为若干小组，分发活动记录手册，播放视频《李子柒：从自己养蚕、煮茧、开棉、抽丝到做蚕丝被和衣服全过程》。看到煮茧步骤时暂停，教师先教学生从每个小组饲养家蚕所得蚕茧中挑选出50～100粒杂质少的厚壳茧，最好是双宫茧。双宫茧即茧内有两粒或两粒以上蚕蛹的茧，丝头乱，丝质

粗，不能缫丝，却是制作蚕丝被的上好品种。此处可增加选茧趣味小比赛，看哪个组选的又快又好。学生用布袋收集上等蚕茧扎好做标记，在活动记录手册上记录蚕茧数量。教师将全班的蚕茧放在一起，按照视频操作统一进行煮茧，时间为烧开之后持续约 45 分钟，既节省了时间，又可避免烫伤等意外的发生。

煮茧的同时继续开展其他活动。通过 Htiech 智慧课堂平台将视频推送至学生平板，学生可重复观看视频，在李子柒与奶奶相处的温馨氛围中展开小组合作，以流程图的形式归纳出开棉工艺流程及操作中用到的材料工具（参考流程见教师手册），并分享讨论结果。教师根据学生回答进行补充，如煮茧的目的是什么？煮茧过程中加入的少量白色粉末是什么？为什么要加？加了对人体是否有害？煮茧抽丝真的很残忍吗？为何不把蚕蛹取出来再煮？在补充中不断增加新的问题，从蚕丝被质量要求、生命价值观等方面引发学生对生命轮回的思考。

任务二：蚕丝成分的检测（35 分钟）

煮茧是一个磨人性子又让人充满期待的过程，我们不妨趁着"漫长"的等待时间来学习鉴别真假蚕丝的方法。学生在课前已经了解到了蚕丝的主要成分，也收集了许多鉴定蚕丝的方法。光说不练嘴把式，练兵场上见真章。

教师要提前准备好一些生活中常见的布料，如棉、毛、丝、麻、化纤等，让学生自行判断找出丝绸并对其他布料有所了解。学生首先可以比对面料小样册观察布料色泽和手感，进行初步筛选（由于样册布料材质较多，教师需根据实际用到的面料缩小鉴定范围），再结合网络方法进一步判断。一看颜色，真蚕丝的颜色微微发黄，而假丝经过化学漂白颜色更加亮白。二闻味道，真蚕丝闻起来有股酸酸的动物蛋白气味，而化纤材料闻起来会有点煤焦油味。三看燃烧，蚕丝燃烧不具延燃性，与火焰分离时即停止燃烧，燃烧时冒出来的烟是白色的，并伴有毛发烧焦一样的味道，而其他材料或有烧纸味、芳香味。四用化学方法，将少许蚕丝置于盛有 84 消毒液的烧杯中，进行充分搅拌，若蚕丝溶解，则为真丝，反之则可能为其他化纤制品。

通过以上简单操作，学生可以从颜色、气味、燃烧特点、化学反应现象、食物来源等方面，推测出蚕丝的主要成分为蛋白质。教师指导学生结合人教版高中生物必修一教材中的《检测生物组织中的糖类、脂肪和蛋白质》一节相关内容完成验证。具体实验方案如下：

1. 蚕丝溶液的制备

目的：蚕丝呈固态，直接检测难度大，溶解在溶液中有利于其成分的检测。

原理：一些高浓度的盐、盐—有机溶剂的多元溶剂，如 40% 氯化钙 $(CaCl_2)$ 溶液，60℃浓度为 9.3 mol/L 的溴化锂 (LiBr) 溶液等三元溶解体系是丝素蛋白的常用中性溶剂。

2. 实验材料的准备

蛋白质检测试剂：双缩脲试剂（A 液：质量浓度为 0.1g/ml 的 NaOH 溶液；B 液：质量浓度为 0.01g/ml 的 $CuSO_4$ 溶液）。

实验器材见材料清单。

3. 蛋白质的检测实验

针对高中学生，教师要注意引导他们区别双缩脲试剂与斐林试剂的配比及用法。使用双缩脲试剂检测蛋白质时，在蚕丝溶液内先加入 A 液 1mL 摇匀，再加入 B 液 4 滴，随后溶液变成紫色。其原理是在 NaOH 创造的碱性环境中，蛋白质分子中许多与双缩脲结构相似的肽键能与 Cu^{2+} 作用，形成紫色络合物，发生颜色变化。斐林试剂的甲液为质量浓度为 0.1g/ml 的 NaOH 溶液，乙液为质量浓度为 0.05g/ml 的 $CuSO_4$ 溶液。用于检测还原糖时，试剂需现配现用、混合使用、加热使用。其主要原理为新配制的溶液中的 Cu^{2+} 在加热条件下与醛基反应，被还原成 Cu+，从而形成砖红色沉淀。检测并确定蚕丝的主要成分后，请学生从化学成分的角度解释，蚕丝为什么会溶解在 84 消毒液中？学生再次进行蛋白质检测实验，解释溶解在 84 消毒液中和丝素蛋白常用溶剂中的蚕丝，其蛋白质结构是否发生变化，有什么不同？教师结合煮鸡蛋及鸡蛋加盐后加水讲解蛋白质的变性及复性。

小学和初中学生不需要掌握实验的复杂原理和化学知识，只要能够掌握实验操作和通过实验现象得出结论即可。

任务三：体验开棉兜 / 缫丝织布（60 分钟）

时间在不知不觉中溜走，经过 1 小时的等待，蚕茧已经煮好了。教师将煮好的蚕茧夹起放入大容器中，交由学生冲洗1~2次，并给每个小组分发2~3个弓形竹制工具。学生按照本小组记录的工艺流程有序地进行剥茧、开棉、晾棉体验。剥茧大多在水中进行，学生要找到蚕蛹的头部位置，慢慢扯开，拈出蚕蛹和垃圾，再将茧壳慢慢地均匀地套在弓形竹制工具上。每4~6个茧壳套成一个棉兜，洗净翻面取下，拧干晾晒。

另一边教师可同时开展缫丝织布体验活动。趁着学生体验的空隙，教师重新支起煮锅，多加点水，将任务一中剩下的蚕茧冷水下锅，大火煮开后换小火再煮5分钟关火。煮好的蚕茧有发胀的趋势，看起来胖乎乎的，很容易找到线头。接着，部分无事可做的学生就可以参与缫丝工作了。利用准备好的毛线支架，每6个茧子一簇，转动六角的"车轮"，学生在不停地缠绕中获得了一圈圈纯正的蚕丝线。蚕丝线晾干以后分为经线和纬线，运用织布机按一定的规律相互交织形成布匹。

接下来的两周，学生课后分小组完成开棉兜的后续步骤，再将所有小组的棉兜集合，拉扯成一层层厚薄、面积均匀的网面，用蚕丝线固定，制成一床小半斤的空调蚕丝被（如果学生制造不规范，可请工人师傅协助，花费也应计入成本）。缫丝织布的学生小组需在课后将蚕丝线织成小方巾，可用扎染、敲拓染、彩绘等方式对小方巾进行创作，以提高其实用性和观赏性。

任务四：卖蚕丝被咯！（90分钟）

技能训练，走进生活。在同学们两周的辛苦劳作下，一床轻薄如翼的蚕丝被就做好了。虽然它的色彩不那么鲜艳，做工不那么精致，但是它凝结着全班同学的汗水！一条条丝巾迎风飘扬，用它柔软的身姿温暖人们的心房。一个多月前，同学们清早采桑、傍晚喂蚕、半夜补料，对蚕宝宝悉心照顾，终于等到它们吐丝结茧，又马不停蹄地开棉拉网、缫丝织布，耗费了无数心血。那这些蚕丝制品到底价值几何呢？我们不妨放到市场售卖。在售卖之前，请同学们根据前期所用到的人力、物力和财力，核算蚕丝被和丝巾的成本价，再结合个人付出的心血，规定利润，确定售价。

在周末开放日时，教师组织学生开办跳蚤市场并对外开放。学生可以出摊售卖自己的玩具、漂亮的玩偶、手工产品、自制美食等等，也可以邀请爸爸妈妈一起，最重要的就是将蚕丝被和丝巾以不低于成本价的价格卖出。本次跳蚤市场的所有收益可用于日后班费支出，让学生体验自己赚钱自己花的快乐；也可以捐赠给需要帮助的人，让学生贡献自己的爱心。

课后作业

（1）如果要制作一个蚕丝枕头芯进行销售，该如何定价呢？提示：学生需要从养蚕成本、人工成本等多方面因素对"商品"进行定价；制作一个蚕丝枕头芯至少需要 600 个蚕茧。

（2）王阿姨买了一床很便宜的蚕丝被，事后担心是假冒伪劣产品，想自己鉴定一下。你有什么建议或方法吗？

（3）记录活动的收获和感想。

第二课时

地球上有 97.3% 的水是咸水，仅有 2.7% 的淡水资源，而这当中 1.5% 是以冰川形式存在的。随着全球变暖日益加剧，冰川融化会引发更加严峻的气候问题。大量淡水的出现会阻碍洋流流动，导致海洋生态系统崩溃；温度升高，意味着地表蒸发水分的量增加，会加剧某些地区的干旱。而国家的农业生产、工业革新，人民的生理需求都离不开水。因此我们要从身边的小事做起，开源节流，积极思考节约水资源的方式和废水再利用的途径，注重生态文明建设，坚持推进人与自然和谐共生，走可持续发展道路。绿水青山就是金山银山，地球这个美丽的家园需要我们共同守护。

废水处理装置的制作（120 分钟）

开面拉网、缫丝剥茧等手工活动让我们体会到了劳动的乐趣和买卖的自由，但我们也不能忽视煮茧、缫丝过程中产生的废水。教师可提前布置参观废水处理厂的任务，或让学生收集废水处理视频、专利和数据，了解以下问题：①缫丝废水的主要成分是什么，是否可利用？②缫丝废水有哪些危害？③缫丝废水的具体处理方式有哪些？

在课堂上，教师播放纪录片《零水日》，用数据让学生切身体会水的重要性，明白环保的意义。在先前的活动中，同学们已经知道蚕丝的主要成分是蛋白质，废水是一种含 N、P 浓度高的无毒有机污染物，含有大量丝胶和蚕蛹蛋白，以及一些茧丝纤维和不溶性有机物。这些污染物该如何处理呢？评判指标是什么？

学生在教师提供的资料中可知废水的主要污染物指标包括悬浮物、化学需氧量、氨氮等，当它们的浓度降低到一定值域才可以排放入水。文献中对磷的处理较为复杂或语焉不详，不做具体要求。开始的 15 分钟，学生自由讨论，画出废水处理装置设计图，摸清每一环节的原理和元素。仅凭肉眼所见和手感触及，同学们意识到，要先将废水中悬浮物除去。还有一些难以看见却又以固体形式存在的物质怎么处理呢？比如水中的脂肪、丝胶、丝素等高分子蛋白质有机物。有学生会想到用差速离心法，利用不同物质所受到的离心力不同将它们分离，那差速离心机的转速要调到多少呢？有些学生会考虑利用蛋白酶将蛋白质水解为小分子肽再进行处理，具体需要用到什么酶，小分子肽要如何再利用呢？有些学生甚至会提出设置厌氧发酵罐等现代化手段，将固体物质变为溶解性物质，将难生化降解物质转化为可生化降解物质。当大分子物质被转变为小分子物质后可通过养殖动物植物微生物来分解营养。最后再用过滤器处理除去悬浮物和胶体杂质。

同学们的构想有理有据，混合了物理、化学、生物处理法，请开始动手制造吧！

沉渣池

学生可以借助过滤网、筛子或用竹条编制的细格栅设置过滤结构，总共三层隔间。要怎样达到沉渣的目的呢？教师给出提示，需得始终谨记沉淀要在下层，每一隔间的进水出水开口都有讲究，高进低出。第一层隔间在左上角开口进水，在右下角与第二层隔间连接处开口铺上细格栅让初过滤清水流入第二层隔间。初过滤清水从较低处流入第二隔间进行沉淀，经过隔间中层的细格栅让上层清水从第二网格右端较高处开口流出，进入第三隔间。完成三级澄清，再将上清液从右端最高处出水口流出，得到去除悬浮物的清水。

厌氧发酵罐

沉渣池得到的清水虽然看起来干干净净，但污染物仍旧存在，有丝胶、丝素蛋白、脂肪、碳水化合物和煮茧过程加入的无机盐等，含有大量 N、P 元素，如果直接排放将引起某些藻类大量繁殖，争夺池塘氧气，致使其他生物死亡。因此，将大分子物质水解为小分子物质是极其重要的一步。根据讨论结果，该结构在每一小组中会呈现出不同的设计，此处主要介绍厌氧发酵罐。厌氧发酵罐中主要完成废水的四个厌氧分解过程：

1. 水解阶段

废水中的有机物由于分子体积太大而不能直接进入厌氧菌的细胞壁，但可以在微生物体外通过胞外酶加以分解成小分子，如蛋白质被水解为短肽和氨基酸、碳水化合物转化为单糖。

2. 酸化阶段

小分子有机物进入细胞体内通过生理生化过程，就可以转化为更简单的化合物，产生挥发性的脂肪酸和部分醇类、乳酸、甲酸、甲胺等。

3. 产乙酸阶段

上一步的产物在产氢产乙酸菌的作用下进一步被转化成乙酸、碳酸、氢气以及新的细胞物质。

4. 产甲烷阶段

该阶段主要利用甲烷菌将乙酸、氢气、碳酸、甲酸和甲醇等转化成甲烷、二氧化碳和新的细胞物质，是整个厌氧发酵过程最重要的阶段，要注意限速。

厌氧发酵罐要用到不同的菌种，在筛选和采购方面难度较大，学生完成起来较为困难，可由教师提供其他正在运行厌氧系统的厌氧污泥进行接种。但设计部分学生能够合作完成。根据以上提示，厌氧发酵罐需要接种污泥，污泥床沉聚在发酵罐的底部，为了让废水直接与微生物接触，所以进水口应该设置在底部，形成反应区。发酵罐中部还可增设细格栅，过滤悬浮层的废水和污泥。

上部应设计集气室收集甲烷、二氧化碳等气体，避免二次污染。同时要注意出水口的分布，开口于发酵罐上部左右两端，便于倾泻。每个小组在整体构造、过滤材料、开口位置和选材上会有所不同，教师要给予正向鼓励。

好氧池

好氧池同厌氧发酵罐类似，利用好氧微生物在有氧的环境下以生物膜吸附降解废水中的有机物，是对厌氧发酵罐的补充。将剩余碳水化合物氧化成二氧化碳和水，将氮元素氧化为硝酸盐和亚硝酸盐，将磷元素氧化为磷酸根。

生物砂滤塔

生物砂滤塔是整个装置中最后的把关结构，不仅要将厌氧发酵罐、好氧池中引入的污泥悬浮物和胶体杂质去除，还要继续降解有机物、氨氮等物质。由资料可得，生物砂滤塔主要有罐体、滤层、垫层以及配水系统组成，滤层中设置 2 层滤料，一层是无烟煤滤层、另一层是砂滤层，其中石英砂的生物膜能在富氧条件下起降解作用。

浮力监控高浓度循环系统

废水处理装置设计好后就一定能达到废水处理要求吗？这需要评判废水中杂质的浓度。专业的废水处理系统有专业的测评方式，这些方式在初高中设计中显得较为复杂，学生的办法有时更简单和实用。在学生已有认知里，浓度越高则水的浮力越大，水的浮力越大表示水中杂质越多。我们可以利用杠杆、滑轮、浮力、浓度差和连通器原理，来实现未达标高浓度废水的循环处理。当废水杂质浓度过高，浮力增大，浮子上升，活动盖打开，促使废水流入沉渣池再次进行循环；当废水浓度达标时，浮力减小，则浮子下降，借助滑轮带动另一侧活动盖打开，处理好的废水排出。

后记：用生物的方法还世界一片绿水青山

研究表明，小球藻和四尾栅藻对缫丝废水的净化有极大作用；缫丝废水本身属于富营养废水，有充足的碳源、氮源和磷源，适合微生物生长，为鱼类提供了良好的饵料；废水中适宜种植凤眼莲，因为凤眼莲的根系发达悬浮于上层水中，与废水接触面积较大，能大量吸附水体重悬浮固体和各种有机物，从而吸引大批以这些有机物为食的动物和微生物，实现良性循环。另外可以采用物理方法过滤、胶体沉淀，或采用添加化学试剂去离子、提取丝胶、提取饲料等方法处理缫丝煮茧废水。

废水处理只是我们生活中很小的一部分，但这个举措却能造福我们的子孙后代。前人栽树，后人乘凉，今天我们多节约一滴水，未来它们将汇成汪洋大海！

教师手册

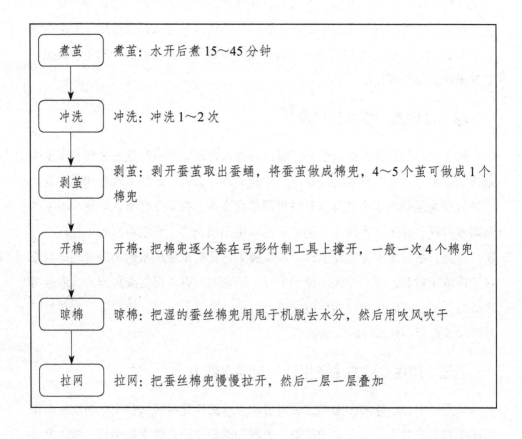

材料清单

第一课时：

任务一：蚕茧（先前活动中学生养殖的）、布袋、细线、小苏打、煮锅、电磁炉

任务二：棉、毛、丝、麻、化纤等面料小样；超全升级版面料小样册、打火机、84消毒液、玻璃棒、40％氯化钙（CaCl_2）溶液或摩尔比为1∶2∶8的氯化钙—乙醇—水三元溶解体系、质量浓度为0.1g/ml的NaOH溶液、质量浓度为0.05g/ml的CuSO$_4$溶液、蚕丝、葡萄糖、蒸馏水、试管（最好用刻度试管）、试管架、试管夹、胶头滴管、量筒、酒精灯、大小烧杯、三脚架、石棉网、火柴

任务三：弓形竹制工具、水桶、水盆、家用可调节手摇绕毛线伞撑、吹风机、煮锅、针、蚕丝线、橡皮锤、颜料

任务四：蚕丝被、丝巾、学生自备跳蚤市场售卖产品

第二课时：

滤网、筛子、竹条、较多塑料瓶、胶壶、刻刀、易拉罐、剪刀、胶水、厌氧污泥、好氧微生物活性污泥、无烟煤、石英砂、杠杆、滑轮、泡沫板或木塞作浮子、托盘天平、连通器、细线

活动名称：＿＿＿＿＿＿＿＿＿　　　活动时间：＿＿＿＿＿＿　　　组别：＿＿＿＿

活动记录手册——开棉拉网成被褥

1. 丝绸价格品质调查表

编号	价格(元)	外观 （色彩、是否光滑、 是否有鳞片）	触感	拉伸弹性

2. 以流程图的形式归纳出开棉工艺流程及操作中用到的材料工具

| |
| |

3. 还原糖和蛋白质的检测

蛋白质的检测

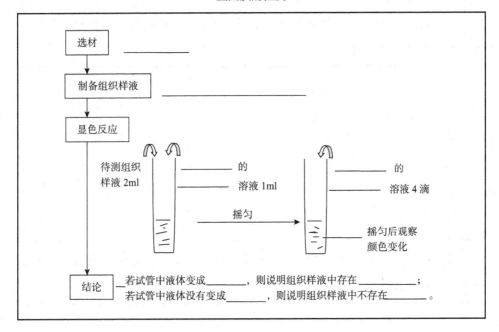

还原糖的检测

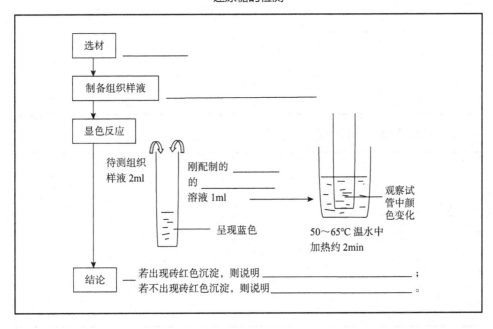

4. 课后作业

（1）如果要制作一个蚕丝枕头芯进行销售，该如何定价呢？提示：学生需要从养蚕成本、人工成本等多方面因素对"商品"进行定价；制作一个蚕丝枕头芯至少需要 600 个蚕茧。

（2）王阿姨买了一床很便宜的蚕丝被，事后担心是假冒伪劣产品，想自己鉴定一下。你有什么建议或方法吗？

（3）记录活动的收获和感想。

活动名称：_____ 活动时间：_____ 组别：_____

活动记录手册——废水处理厂调研

废水处理厂调研任务分配表		
成员：		
负责人：	文字记录：	影像记录：
解决问题： 1. 缫丝废水的主要成分是什么？（本组核心问题） 2. 缫丝废水有哪些危害？ 3. 缫丝废水的具体处理方式有哪些？ 4. 缫丝废水中是否含有可利用成分？如果有，是什么呢？ 		
其他：		

活动名称：_____ 活动时间：_____ 组别：_____

活动记录手册——废水处理装置制作

1. 项目分析

(1) 废水中的悬浮物如何去除？

(2) 除去悬浮物的废水中还含有哪些物质呢？

(3) 要怎样将这些废水中肉眼不可见的大分子物质分解成小分子物质？

(4) 小分子物质又该如何除去？

(5) 在处理废水过程中引入的其他杂质要如何去除？

(6) 怎么判断废水处理已经达标？实现实时无人监控？

(7) 还有什么其他方法能够对缫丝煮茧废水进行处理呢？

2. 项目设计 (画出废水处理装置结构设计图)

土与火的艺术

随着陶艺的大众化、普遍化，陶艺兴趣课程也逐渐兴起。学生们也热衷于投身到"玩泥巴"课程中，但是陶艺不仅仅是玩泥巴那么简单，陶艺是文化、是工艺、是科技。本节课将带领学生了解陶艺的历史、种类、制作工艺等，利用学生的兴趣点提出具有探究性的问题：如不同的土和温度烧制出来的陶艺会有什么区别？本节课开展以陶艺为主题的STEAM课程，激发学生的科学探究、艺术创作等能力，同时融入我国文化特色深化学生爱国情怀。

课程背景

陶艺，是一门激发学生无限创造潜能的课程。实践证明，其在培养学生身体协调性、平衡情绪、挖掘空间智能品质、培养创造智能、协作与处理人际关系等方面具有积极的教育作用。在当前中国的中学教育理念下，根据国内普通高中的教学条件，我们不难发现有关于动手操作的课程是少之又少。陶艺课程是符合现行教育理念且对教学条件要求相对较低的课程。陶艺课程具有的育人有效性、实践可行性与民族文化性突出的特点。它从练泥开始就在培养和锻炼学生的动手能力、想象能力和创造能力。学生根据自己对相应话题的理解，通过自己双手的协调，自我创造，最终生成一件陶艺作品。陶艺课程始终以学生为主体地位。显然，这种亲身体验感和直接的获得感是在其他课程中难以实现的。因此，不拘泥单门学科来看待陶艺课程，以蚕桑文化为主题开展陶艺STEAM课程，能赋予陶艺更多的内涵。

从实践角度讲，陶艺教育是受教育者以身体直接参与与体验的方式，去获得前人积累的技术、技能、经验、知识成果，再将其通过个体的介入变成自己内在的新知识、新技能。在陶艺教育的过程中，创作主体充分激发自己各方面的潜能以解决陶艺制作过程中遇到的种种问题；同时，创作主体从中也对自身的思考方式和创造过程进行不断地调整，从而逐渐建构出具有不同特征的陶艺作品。因此，陶艺教育的作用是由陶艺丰富的知识内涵决定的。通过陶艺教育过程中手脑协调、共同参与的特点，充分发挥学生的记忆、思考、分析、综合判断的能力，启发学生的思考和动手能力，实现对学生德智体美劳全方位的培养。

领域：人文、物理、艺术

第一课时　影响世界的中国陶艺

1974 年，秦兵马俑一号坑被发现于陕西省渭南市临潼县（现西安市临潼区）骊山脚下，瞬间震惊全球，无人不惊叹于这两千多年前的精巧技艺。前法国总理希拉克参观后说："世界上有了七大奇迹，秦俑的发现，可以说是八大奇迹了。不看秦俑，不能算来过中国。"兵马俑已经成为我国的文化象征和历史名片。

在此先请同学们结合历史实际猜测，古人是如何做成兵马陶俑的？教师讲述：陶俑的制作分三个步骤进行：第一步先用泥塑成俑的大型（粗胎或初胎）；第二步是在俑大型的基础上，进行第二次复泥并加以修饰和细部刻画；第三步是将单独制作的头、手和躯干组装套合在一起，完成陶俑的大型。

教师再次提问陶俑是泥做成的，如何在地下保存两千多年呢？歇后语道："泥菩萨过河，自身难保。"这说明泥土总是容易散落的，兵马俑、陶瓷等由泥土做成的工艺品为何能常年保存？集勤劳与智慧于一身的古人为了解决这一问题，初步制成的陶制品一般是放置阴干后放进窑内焙烧的，焙烧的温度高约一千度。烧成出窑后，再一件件绘彩，最终完成陶瓷工艺品的制作。

陶艺有及其悠久的人文历史和文化底蕴，在近现代又与现代科学技术结合得到了充分的发展。因此，陶艺文化厚重悠久、意义非凡，陶艺制作也不仅是捏土那么简单。传统陶瓷艺术是我国古人智慧与勤劳的结晶，也是我们向世界传输文化最早、最重要的媒介之一。china 一词即指"中国"又指"中国陶瓷"，一语双关，证明了陶瓷文化对于中国的重要影响。现代陶艺则是在现代艺术思潮的影响下结合现代工艺技术产生和逐步发展起来的。现代陶艺不仅追求美观实用，更加关注艺术家情感和观念的表达，使陶艺文化植根生活更加贴切社会发展。在这一课时中，学生将深入感受陶艺文化以及了解陶艺制作原理。

传统陶艺与现代陶艺

传统陶瓷艺术，指为满足人类生产生活的需要而产生的，以器皿和雕塑为主的一种陶瓷艺术作品形式。现代陶艺的定义则较为模糊，即只要是以陶瓷为主要材料，依现代艺术观念而创作的各种艺术形式，都可称为现代陶艺。

到目前，尚无一个准确的时间节点对现代陶艺和传统陶艺进行区分。一般主要是从作品依托的艺术观念、作品创造所涵盖的范围和作品所使用的技术和材料进行划分。作品依托的艺术观念，不用过多解释，传统观念和现代思想具有明显的不同。对于涵盖的范围，传统陶艺集中在日常餐饮器具和祭祀、墓葬的礼器、冥器等用品上，实用性较强；现代陶艺则是艺术观赏性更强，这也是市面上存在多种陶艺艺术作品的原因之一。关于作品所使用的技术和材料，现代陶艺无论是在形式还是材料、工艺方面都更加包容和多样。

传统成型技法

传统陶艺成型方法可总结为6种，分别是：手捏成型法、泥条盘筑法、泥板泥片成型法、拉坯成型法、注浆成型法、印坯成型法。课程现场请陶艺师为同学们依次展示并讲解6种成型技法。学生以小组为单位结合陶艺师的展示和讲解，协作总结出6种成型技法的过程、特点、注意事项等，小组间互相交流分享。

此过程选择陶艺师现场讲授而非传统的灌输式教学，更能吸引学生的注意力，活跃课堂氛围。学生通过陶艺师的现场展示总结出六种传统的成型技法也训练了学生的观察能力和归纳总结的能力。

现代陶艺的发展

目前人们热爱陶艺文化，越来越多的陶艺人静下心来感受泥土之美，社会上也诞生了一些与陶艺有关的新兴产业。同时随着社会工艺技术的进步，一些新兴的成型技术也逐渐产生。在传统成型技法的基础上，运用现代设计手法，加入新兴材料及新兴工艺，弥补传统成型技法不可避免的缺失，拓展装饰手法，使其呈现的陶艺作品越来越精细。例如浸泥成型法和 3D 打印等。

浸泥成型法是浸在泥浆中然后成型的一种浆体成型工艺。这种浆体成型工艺就是将纤维布料等可燃性无害材料浸在含有纤维的泥浆中，然后取出定型干燥后进行烧制，就是一件成型的陶艺作品。3D 陶瓷打印机是一台将传统工艺和现代制造技术相结合的设备，它保留并使用了传统陶艺成型技法中的泥条盘筑法，同时又加入了新兴 3D 打印技术，能够短时间内完成形状复杂的造型，制作周期也大大缩短，做出的作品展现出了手工无法到达的境界与地步。这不仅是创新，更是适应社会发展的产物。3D 打印技术被誉为第三次工业革命，势必会带来各行业的变革。

第一课时主要就传统陶艺的历史发展、传统成型方法、现代陶艺的发展等方面向学生进行介绍，让学生系统地了解陶艺的历史和成型类型，为学生第二节课参与陶艺制品的设计和制作打下基础。

第二课时　以蚕桑为主题设计陶艺制品

在了解了文化背景之后，为了进一步学习各种陶艺成型技法的制作过程。在第二课时，将引导学生动手参与，在陶艺师的建议指导下选择合适并且自己喜欢的成型技法制作出自己设计的陶艺制品。在课前教师可以向学生提问：究竟哪种土更适合做陶艺？不同的土烧制出来有什么区别？适合做陶艺的土有什么特点？不同的温度烧制出来有什么区别？是温度越高越好嘛？请同学们带着这些问题，自主设计探究方案选用多种不同类型的土和不同的烧制温度进行探究，可以建议同学们小组内，用不同的土制作同样的陶艺作品，比较不同的土在制作过程中以及烧制后呈现的区别。

构建设计思路

学生以小组为单位以蚕桑文化为主题设计与蚕桑文化有关的陶艺制品，自行选择制作方法，小组合作完成设计思路，给出设计初稿。提示学生可以将陶艺与绘画相结合，将蚕桑有关的文化元素画到常用的陶艺制品上，也可以将蚕桑工具以陶艺的形式呈现出来。确定好思路后，绘制出样本草图供后续制作使用。

动手制作，分享交流

学生应当结合自己的设计思路，通过小组讨论选择最合适的成型技法，然后由小组合作尝试使用不同泥土烧制，探究出最适合做陶艺的土的特性，成型后全班作品可以请专业人员统一烧制。根据制作过程和烧制结果，同学们可以通过组内讨论，组间分享回答课前所提出的问题，烧制陶艺的最适温度和适合制作陶艺的土壤。

对于初学者来说，首次完成陶艺的制作是一件不容易的事情，比如拉胚等操作往往都是看起来简单做起来难。因此本节课更加关注学生的体验和美感教育的实施。同时，学会团队合作、分享交流是一项重要的技能。

回首历史

在蚕桑文化发展的历史长河中，涌现出了大量杰出的与蚕桑有关的艺术作品。本节课带领学生一起欣赏著名的战国采桑宴月铜壶，讲述千年前铜壶上的故事。

战国采桑宴月铜壶

由四川博物院馆藏的战国采桑宴月铜壶被列为国家一级文物。早在战国时期，古人就将采桑劳作情景反映于铜壶之上。铜壶虽小却做工精巧，一共包括4层纹饰，每层所描述的内容和想要表达的意义都不相同，比如第一层描绘的就是一群男女正在采桑劳作的欢快场景，如图1所示。

图1　第一层装饰画

学生先讨论猜想装饰画上所展示的故事和传达的意义，回想战国时代的生活场景。在同学们深入了解铜壶后，可以让大家自行准备讲解词，充当博物馆的小小讲解员，以小组为单位举行战国采桑宴月铜壶的讲解比赛。

教师手册

材料清单

第一课时：

搜集传统陶艺的历史资料和故事

第二课时：

陶艺常用工具、各种不同类型泥土、手工工具等

第三课时：

有关战国采桑宴月铜壶的相关资料和视频

活动名称：＿＿＿＿＿＿＿＿＿＿＿　　　活动时间：＿＿＿＿＿＿＿　　组别：＿＿＿＿＿

活动记录手册——影响世界的中国陶艺

1. 你认为秦兵马俑是怎样做出来的？

2. 谈谈你对传统陶艺和现代陶艺的看法。

3. 以小组为单位完成表格。

成型技法	步骤	特点	注意事项
手捏成型法			
泥条盘筑法			
泥板泥片成型法			
拉坯成型法			
注浆成型法			
印坯成型法			

活动名称：_____　　活动时间：_____　　组别：_____

活动记录手册——动手做陶艺

小组成员：

若以蚕桑文化为主题进行设计，你们的想法：

制作思路（草图样本）：

设计意图（设计灵感）：

所用的成型技法：

分享交流（包括遇到的困难，介绍你们的作品，分享制作时的趣事）：

活动名称：_____　　活动时间：_____　　组别：_____

活动记录手册——战国采桑宴月铜壶

1.通过初步观察你认为战国采桑宴月铜壶每层分别讲述了什么样的战国故事？

图1　第一层装饰画

2.请写出你的讲解词。

参考文献

[1] Meng Leong How, Wei Loong David Hung. Educing AI-Thinking in Science, Technology, Engineering, Arts, and Mathematics (STEAM) Education[J]. Education Sciences, 2019,9(3)20-21.

[2] 徐金雷，顾建军. 从 STEM 的变式透视技术教育价值取向的转变及回归 [J]. 教育研究，2017，38(4):78-85.

[3] 武小鹏. 国家政策视角下国际 STEM 教育发展路径、价值取向和启示 [J]. 当代教育论坛，2020(2):55-64.

[4] Taljaard J. A Review of Multi-sensory Technologies in a Science, Technology, Engineering, Arts and Mathematics (STEAM) classroom[J]. Journal of Learning Design, 2016 (2):46-55.

[5] 范文翔，瑞斌，张一春. 美国 STEAM 教育的发展脉络、特点与主要经验 [J]. 比较教育研究，2018，40(6):17-26.

[6] 赵慧臣，陆晓婷. 开展 STEAM 教育，提高学生创新能力——访美国 STEAM 教育知名学者格雷特·亚克门教授 [J]. 开放教育研究，2016，22(5):4-10.

[7] Yakman G, Lee H. Exploring the Exemplary STEAM Education in the US as a Practical Educational Framework for Korea[J]. Journal of the Korean Association for Science Education, 2012(6): 1072-1086.

[8] 赵慧臣，陆晓婷. 美国 STEAM 实验室的特征与启示 [J]. 现代教育技术，2017，27(4): 25-32.

[9] 魏晓东，于冰，于海波. 美国 STEAM 教育的框架、特点及启示 [J]. 华东师范大学学报 (教育科学版)，2017，35(4): 40-46，134-135.

[10] 李士杏. 美国 STEAM 生物学教学案例分析 [J]. 生物学教学，2018，43(4): 8-9.

[11] 王小栋，王璐，孙河川. 从 STEM 到 STEAM: 英国教育创新之路 [J]. 比较教育研究，2017，39(10): 3-9.

[12] 邬旭丹. STEAM 教育的国际经验及其启示 [D]. 金华：浙江师范大学，2019: 29.

[13] 崔雪梅，王悦琴. 韩国融合人才教育 (STEAM) 及启示 [J]. 湖南中学物理，2016，31(4): 1-4.

[14] 胡慧睿. 日本幼儿深度游戏中的 STEAM 理念探究 [J]. 早期教育 (教育教学)，2020(3): 26-27.

[15] 王娟，吴永和. "互联网 +" 时代 STEAM 教育应用的反思与创新路径 [J]. 远程教育杂志，2016，35(2): 90-97.

[16] 王桂娇.《中国 STEAM 教育发展报告》发布 [J]. 中小学信息技术教育，2017(4):4.

[17] 史颜君. 基于 STEAM 理念的初中物理课程设计研究 [D]. 桂林：广西师范大学，2017:18.

[18] 匡芮东. 基于 STEAM 的中学人工智能课程教学设计研究——以重庆七中为例 [D]. 重庆：重庆大学，2018: 33-43.

[19] 何兰. 融入中国本土的 STEAM 教育 [J]. 辽宁教育，2019(9): 16-19.

[20] 袁越鸿. 明清时期柞蚕业兴盛原因探析 [J]. 农业考古，2021(1):166-171.

[21] 范杰. 红山文化对蚕资源的认识和利用——以出土玉蚕为中心 [J]. 农业考古，2021(1): 7-16.

[22] 吴一舟. 蚕文化与当代蚕业经济 [J]. 蚕桑通报，2003(1): 1-5.

[23] 郭建新.《中华农学会报》传播的蚕业科技 [J]. 农业考古，2021(1): 172-179.

[24] 刘开莉，许忠裕，陆春霞，等. 不同季节家蚕蜕皮物质营养成分和活性成分含量分析 [J]. 广西蚕业，2020，57(4): 45-49.

[25] 吴晓东. 蚕蜕皮为牛郎织女神话之原型考 [J]. 民族文学研究，2016,34(2):28-38.

[26] 李冬生，王金华，李世杰，等. 僵蚕白僵菌生物学特性的基础研究 [J]. 湖北农业科学，2004(4): 101-104.

[27] 邱小明，石伟林. 蚕蛹虫草市场化过程中的问题及对策 [J]. 江苏蚕业，2010，32(4): 41-42.

[28] 徐红，窦勇兵. "细胞器"一课释放学生潜能的教学设计 [J]. 中学生物教学，2016，4(17):49-51.

[29] 李士杏. "果汁中的果胶和果胶酶" 教学中的问题讨论 [J]. 中学生物学，2016，32(9):41-42.

[30] 朱晓燕. 问题探究教学在生物教学中的应用——以"降低化学反应活化能

的酶"教学为例 [J]. 中学生物学，2015，31(11):26-27.

[31] 陈桂英，陈惠羚. 基于非牛顿流体的力学特性科普和应用价值研究，北京力学会第 26 届学术年会论文集 [C]. 北京力学会，2020:3.

[32] 王烈娟. 扎染课程教学探索与实践 [J]. 美术教育研究，2021，4(6):110-111.

[33] 龙佳. "胡萝卜素的提取"实验教学设计与实施 [J]. 生物学通报，2018，53(2):24-27.

[34] 王晨阳，葛燕飞. 构图的艺术 [J]. 中国职工教育，2013，4(24):162.

[35] 聂文静，江岩. 桑椹花青素研究进展 [J]. 食品工业，2013，34(11):207-210.

[36] 孙珊. 浅谈绘画构图学的实践教学 [J]. 美与时代（下），2012，4(6):68-69.

[37] 方洛云，李兴旺，林雪蕾，等. 天然抗氧化剂 - 原花青素的生理功能及应用前景 [J]. 饲料研究，2010，4(1):78-80，82.

[38] 张义妮. 云南白族扎染艺术研究 [D]. 昆明：昆明理工大学，2006.

[39] 李彩云. "火山喷发"实验的研究与创新 [J]. 中小学实验与装备，2019，29(2):51-52.

[40] 谭君蕊，李晖. 溶液结晶方法与技术的现状与发展 [J/OL]. 大学化学，1-12[2020-11-10].http://kns.cnki.net/kcms/detail/11.1815.O6.20200619.2012.010.html.

[41] 张思兰，邸江涛，李清文. 可充锌锰电池的研究进展 [J]. 电源技术，2019，43(4):720-723.

[42] 谢雨菡，杨坤，韦云路，等. 鱼香茄子加工工艺优化 [J]. 食品工业，2020，41(1):138-142.

[43] 夏朋. 这些菜和醋搭配更营养 [J]. 人才资源开发，2017(3):19.

[44] 周显青，马鹏阔，张玉荣，等. 麻球品质感官评价方法的建立 [J]. 粮食与饲料工业,2018,5:7-12.

[45] 赵善龙. 酒精作用知多少 [J]. 生物学教学，2009，34(7):67-68.

[46] 安兰. 浅析网络时代背景下传统媒体新闻写作的创新 [J]. 新闻研究导刊，2019，10(22):198，200.

[47] 盛海燕. 浅论专访新闻写作的技巧 [J]. 黑河学刊，2004(4):106-107.

[48] 葛露. 浅析照相机镜头设计中的光学原理 [J]. 中学物理教学参考，2014，43(14):40-41.

[49] 程军涛. 钢丝录音机的制作及教学运用 [J]. 中学物理教学参考，2017，46(17):69-70.

[50] 陈文娟，陈梅芳. 浅谈桑蚕生活史标本的制作及体会 [J]. 蚕桑通报，1999

(1):61-62.

[51] 徐昕欣. 关于家蚕生活史一些相关问题的解析 [J]. 生物学通报, 2018, 53(1):12-14.

[52] 叶青. 最老冰人背负着哪些秘密 [N]. 科技日报, 2018-08-10(5).

[53] 于涛. 例谈多面体三视图的还原策略 [J]. 中学数学研究 (华南师范大学版), 2018(1):14-16.

[54] 张国治, 程似锦, 席光煜, 等. 三视图还原几何体的一种高效通法 [J]. 数学教学, 2016(6):19-24,50.

[55] 化学工业出版社最新大型工具书《现代机械设计手册》《画法几何及机械制图典型题解 300 例》[J]. 机械设计与研究, 2012, 28(1):122.

[56] 邱悦. 设计专业工程制图课训练学生严谨能力的价值研究 [J]. 大众文艺, 2018(17):189.

[57] 杨灼萍, 韦科陆. 缫丝厂高浓度有机废水处理技术研究与应用 [J]. 工业水处理, 2020, 40(5):115-118.

[58] 郁光竟, 徐良. 缫丝废水处理工程设计 [J]. 广东化工, 2019, 46(6):186-188.

[59] 姜国斌. 利用厌氧生物发酵法处理缫丝企业废水 [J]. 辽宁城乡环境科技, 2007, 4(1):27-28, 33.

[60] 何晓蓉, 陶立全, 李豫伟, 等. 不同煮茧工艺对茧丝质量指标影响的比较分析 [J]. 中国纤检, 2014, 4(13):85-87.

[61] 田娟, 杨华, 马林, 等. 蚕丝不同溶解方法的研究 [J]. 化学世界, 2011, 52(11):665-668.

[62] 刘亚全. 怎样鉴定蚕丝被的真假 [J]. 考试周刊, 2010, 4(55):256.

[63] 人教版高中生物必修 1《检测生物组织中的糖类、脂肪和蛋白质》.

[64] 张新江. 想与做—普通高中陶艺校本课程开发与研究 [D]. 济南: 山东师范大学, 2011.

[65] 曹明亮. 论当代中国陶瓷艺术教育 [D]. 长沙: 湖南师范大学, 2006.

[66] 洪美连. 关于中国传统陶艺与现代陶艺的思考 [J]. 大众文艺, 2019(4):82.

[67] 杨仁昌. 南充要发展不能只靠单打独斗——访同济大学副校长吴志强时间 [N]. 南充日报, 2016-08-26.

[68] 王青山. 人大学子到南充市开展暑期社会实践活动 [N]. 南充日报, 2019-08-05.

[69] 郑小坚, 胡雨亭. 家蚕标本盒制作 [J]. 江苏蚕业, 2001(4):25-26.

[70] 孙志超, 张群. 穿越 5300 年的冰雪战士"冰人奥茨" [J]. 大众考古, 2014

(1):60-63.

[71] 和野王. 楼兰与微笑公主 [J]. 西部广播电视，2009(5):249.

[72] 杨静薇. 浅析清朝服饰与佩饰 [J]. 赤子 (上中旬)，2015(15):78.

[73] 喻燕姣. 马王堆汉墓的历史文化价值 [J]. 文物天地，2017(12):23-30.

[74] 刘宝垚. 浅析清朝服饰中装饰纹样 [J]. 艺术科技，2015，28(7):97.

[75] 袁建平. 辛追墓随葬衣服与深衣、汉服的探讨 [J]. 文物天地，2017(12):77-83.

[76] 魏宜辉，张傅官，萧毅. 马王堆一号汉墓所谓 "妾辛追" 印辨正 [J]. 文史，2019(4):261-266.

[77] 袁胜文. 棺椁制度的产生和演变述论 [J]. 南开学报 (哲学社会科学版)，2014(3):94-101.

[78] 微生物数量的测定方法 - 百度文库.